大厨请到家

111种面包

黎国雄 主编

U0243514

译林出版社

图书在版编目（CIP）数据

111种面包 ／ 黎国雄主编．—南京：译林出版社，2018.1
（大厨请到家）
ISBN 978-7-5447-7120-7

I.①1… II.①黎… III.①面包－制作 IV.①TS213.2

中国版本图书馆 CIP 数据核字（2017）第 247499 号

111种面包　黎国雄／主编

责任编辑　王振华
特约编辑　王　锦
装帧设计　**Metis** 灵动视线
校　　对　肖飞燕
责任印制　贺　伟

出版发行　译林出版社
地　　址　南京市湖南路 1 号 A 楼
邮　　箱　yilin@yilin.com
网　　址　www.yilin.com
市场热线　010-85376701
排　　版　张立波
印　　刷　北京天恒嘉业印刷有限公司
开　　本　710 毫米 ×1000 毫米　1/16
印　　张　10
版　　次　2018 年 1 月第 1 版　2019 年 1 月第 2 次印刷
书　　号　ISBN 978-7-5447-7120-7
定　　价　35.00 元

自制面包，营养健康

　　面包是一种以小麦粉为主要原料，以酵母、鸡蛋、油脂、果仁等为辅料，加入适量清水，经过发酵、整形、成形、焙烤、冷却等过程加工而成的焙烤食品。

　　关于面包有一个有趣的传说。大约在2600年前，埃及有一个为主人做饼的奴隶。有一天饼还没有烤好他就睡着了，夜里炉子也熄灭了，他并未察觉，于是生面饼开始发酵，不断膨大。等到第二天早上奴隶醒来时，生面饼已经比昨晚大了一倍。为了掩饰自己的过错，奴隶赶紧把面饼塞回炉子里进行烘烤，他觉得这样就不会有人发现他偷偷睡觉了。令人惊喜的是，饼烤好后又松又软。这是因为生面饼里的面粉、水和甜味剂暴露在空气里，空气中的野生酵母菌经过了一段时间的发酵后，生长并布满了整个面饼，使面饼膨大。就这样，埃及人不断用酵母菌进行实验，成为世界上第一代职业面包师。

　　如今面包已经成了人们最常见的食品之一。不管是外出游玩，还是午后甜点，都有面包的影子。这是因为面包不但口感好，而且营养丰富，含有丰富的蛋白质、脂肪、碳水化合物，还蕴含少量维生素及钙、钾、镁、锌等矿物质。面包口味多样，松软可口，易于消化和吸收，食用起来也方便，因此，在日常生活中颇受人们的喜爱。

　　面包的种类繁多，有丹麦面包、甜面包、乳酪面包、吐司面包、全麦面包等，当然最健康的还是全麦面包。普遍来说，面包都是用白面粉做的，质地相对较为柔软细腻，容易消化吸收，且膳食纤维含量极低。全麦面包富含纤维素，它可以帮助人体清除肠道垃圾，并且能延缓消化吸收，有利于预防肥胖。但是市面上一般很难买到真正的全麦面包，加上各种添加剂的威胁，这让人们对自己吃到的食物始终持怀疑态度。那我们不如自己动手给自己和家人来做面包吧，不仅吃得健康而且还有心意。

　　本书就是专门为面包爱好者准备的，就算你是新手也不怕。书中一开始就详细地介绍了面包制作必备的原料、工具，还详细解析了制作过程中容易出现的问题。看完之后你就会豁然开朗了。本书中的每种面包制作配方都详细、公开，详尽的步骤分解图，让你一目了然。书中内容更是分为初级、中级和高级三个等级，帮助你循序渐进地学习制作，慢慢地你就会爱上这种甜蜜的制作过程。还在等什么，快来试试吧！

目录 Contents

面包制作必备原料

看着面包店里出炉的香喷喷的面包，你是不是也想自己亲手制作一个呢？其实，自己做面包也不是一件很困难的事情，只要掌握好方法和步骤，准备好下面为你介绍的基本原料，那么自己制作出面包就不再是什么幻想了。赶快行动吧！

1. 泡打粉

泡打粉是一种复合疏松剂，又称为发泡粉或发酵粉，主要用作面制食品的快速疏松剂。泡打粉在接触水分、酸性或碱性粉末时会发生反应，释出部分二氧化碳，而且，在烘焙加热的过程中，会释放出更多的气体，这些气体会使成品达到膨胀及松软的效果。但是，过量使用反而会使成品组织粗糙，影响外观甚至风味。

2. 改良剂

面包改良剂是一种用于面包制作的烘焙原料，可增加面包的柔软性和弹性，并有效延长面包的保存期。

3. 盐

在大多数烘焙食品中，盐是一种重要的调味料，适量的盐可增加原料特有的风味。盐在面团中还可增强面团的韧性和弹性。

4. 烘焙专用奶粉

烘焙专用奶粉以天然牛乳蛋白、乳糖、动物油脂混合，再采用先进加工技术制成，含有乳蛋白和乳糖，风味接近普通奶粉，可全部或部分取代普通奶粉。与其他原料相比，同等剂量的烘焙专用奶粉具有体积小、重量轻、耐保藏和使用方便等优点，可以使烤焙制品颜色更诱人，口感更浓厚。

5. 油脂

油脂是油和脂的总称，在常温下呈液态的称为油，呈固态或半固态的称为脂。油脂在食品中不仅有调味作用，还能提高食品的营养价值。在制作面团过程中添加油脂，能大大提高面团的可塑性，并使成品柔软、表面光亮。

6. 鸡蛋

制作面包时加入鸡蛋不仅有增加营养的功效，还能增加面包的风味。利用鸡蛋中的水分，可令面包柔软且美味。

7. 吉士粉

吉士粉是一种混合型的辅助料，呈淡黄色粉末状，具有浓郁的奶香味和果香味。由疏松剂、稳定剂、食用香精、食用色素、奶粉、淀粉和填充剂混合而成，主要作用是增香、增色，增加松脆性，并使制品定形。

8. 酵母

酵母有新鲜酵母、普通活性干酵母和快发干酵母三种。在烘焙过程中，酵母产生的二氧化碳，具有膨大面团的作用。酵母发酵时产生酒精、酸、酯等物质，可产生特殊的香味。

9. 面粉

面粉是面包最主要的原料，其品种繁多，在使用时要根据需要进行选择。面粉的气味和滋味是鉴定其质量的重要标准，好面粉闻起来有新鲜且清淡的香味，嚼起来略具甜味；凡是有酸味、苦味、霉味或腐败臭味的面粉都属变质面粉。

10. 乳品

在制作面包时加入乳品，能大大提高成品的营养价值，增加风味，减少油腻，增进食欲，还能改善成品内外的形状，延长成品的保存期限。

11. 蜂蜜

面包里面加蜂蜜，能增添风味，还能改善口感。蜂蜜中含有大量的果糖，果糖有吸湿和保持水分的特性，能使面包保持松软、不变干。果糖的这个特性在低温和干燥的环境中显得尤为重要。

12. 玉米淀粉

玉米淀粉又称玉蜀黍淀粉，俗称六谷粉，是呈微淡黄色的粉末。在面粉中加入玉米淀粉可以降低筋度，利于面粉起泡，形成良好的组织结构。

面包基本馅料和皮的制作

草莓馅
材料
砂糖 150 克，清水 225 毫升，草莓酱 100 克，玉米淀粉 50 克，新鲜草莓碎 500 克
做法
1. 将砂糖、清水、草莓酱和玉米淀粉放到锅里混合，开火煮沸一分钟。
2. 加入新鲜草莓碎，混合均匀即可。

菠萝皮
材料
奶油 120 克，糖粉 120 克，全蛋液 50 克，奶香粉 2 克，低筋面粉适量
做法
1. 将奶油、糖粉拌均匀；加入全蛋液充分搅拌；加入奶香粉拌匀。
2. 加入低筋面粉，用手拌匀，拌好即成菠萝皮。

起酥皮
材料
高筋面粉 500 克，盐 15 克，奶油 50 克，清水 425 毫升，低筋面粉 500 克，味精 3 克，全蛋液 75 克，酥油 750 克

做法
1. 将高筋面粉、低筋面粉、味精、全蛋液、清水慢速拌匀，转快速搅拌 2 分钟；加入盐、奶油慢速拌匀，再快速搅拌至面团光滑即可。
2. 用手将面团压成长方形，用保鲜膜包好放入冰箱冷冻 30 分钟以上；将冻好的面团用擀面杖擀开，包入酥油，再用擀面杖擀开成长方形。
3. 将面团折叠成三层，用保鲜膜包好放入冰箱冷藏 30 分钟以上，如此三次即成。

香酥粒
材料
奶油 95 克，高筋面粉 50 克，砂糖 65 克，低筋面粉 115 克
做法
1. 将砂糖、奶油倒在案台上，拌均匀。
2. 加入高筋面粉、低筋面粉拌匀，用手搓成颗粒即可。

黄金酱
材料
蛋黄 4 个，糖粉 60 克，盐 3 克，液态酥油 500 毫升，淡奶 30 毫升，炼奶 15 毫升
做法
1. 先将蛋黄、糖粉、盐倒在一个容器里，拌匀。
2. 慢慢加入液态酥油并打发，最后加入淡奶和炼奶拌匀即成。

叉烧馅
材料
五花肉 200 克，食用油适量，叉烧酱 20 克，蚝油 10 毫升，淀粉 5 克，蒜头 1 粒
做法
1. 将五花肉洗干净、切粒，蒜头去皮洗干净、切片放入肉里；加入蚝油、叉烧酱和淀粉。
2. 搅拌均匀后放入冰箱冷藏腌制 7 小时以上。
3. 腌好后，锅里放食用油烧热，倒入五花肉翻炒至熟透即可。

沙拉酱

材料

砂糖50克，味精、盐各1克，色拉油450毫升，淡奶18毫升，全蛋液50克，白醋12毫升

做法

1. 把砂糖、盐、味精、全蛋液倒在一个容器里，搅拌匀，慢慢加入色拉油打发，然后加入白醋拌匀。
2. 最后加入淡奶拌匀即可。

蛋黄酱

材料

糖粉50克，盐1克，奶油70克，蛋黄液45克，液态酥油115毫升，炼奶15毫升

做法

1. 先把糖粉、盐和奶油倒在一起打发，然后分次加入蛋黄液充分搅拌，再慢慢挤入液态酥油打发。
2. 最后加入炼奶拌匀即可。

椰子馅

材料

砂糖250克，奶油250克，全蛋液85克，奶粉85克，低筋面粉50克，椰蓉400克

做法

1. 先把砂糖、奶油倒在一起搅拌均匀；再加入全蛋液充分搅拌。
2. 最后加入低筋面粉、奶粉、椰蓉搅拌均匀即成。

乳酪克林姆馅

材料

全蛋液25克，砂糖75克，鲜奶300毫升，玉米淀粉45克，奶粉30克，奶油20克，奶油干酪100克

做法

1. 将鲜奶、全蛋液、砂糖、玉米淀粉、奶粉倒在一起搅拌均匀，一边搅一边煮，煮到凝固状态；加入奶油搅拌，关火，继续搅拌。
2. 待挑起呈软鸡尾状时，加入奶油干酪，搅拌均匀即成。

香菇鸡粒馅

材料

香菇150克，鸡脯肉200克，生抽10毫升，料酒5毫升，砂糖2克，白胡椒粉1克，全蛋液20克，盐、食用油各适量

做法

1. 将香菇切碎、鸡脯肉剁成馅；将切碎的香菇加到肉馅中搅匀；加入生抽、料酒、盐、砂糖、白胡椒粉、全蛋液腌制入味。
2. 热锅烧油，将腌制好的馅倒入炒匀即可。

泡芙糊

材料

奶油75克，清水125毫升，全蛋液100克，液态酥油65毫升，高筋面粉75克

做法

1. 将奶油、清水、液态酥油倒入盆中，放在电磁炉上边搅边煮；煮开后倒入高筋面粉拌匀，关火。
2. 分次倒入全蛋液，拌至面糊光滑即可。

巧克力馅

材料

砂糖65克，牛奶250毫升，全蛋液30克，玉米淀粉40克，奶油10克，白巧克力150克

做法

1. 将砂糖、牛奶、全蛋液、玉米淀粉拌匀；煮成糊状，加奶油拌匀。
2. 最后加入白巧克力拌匀即可。

面包制作必备工具

制作面包时，除了集齐原料外，制作面包的工具也少不了。以下介绍的都是制作面包的常用工具，希望你能够灵活运用它们，做出美味的面包。

1. 和面机

和面机又称和粉机，主要用来拌和各种粉料。它由电动机、传动装置、面箱搅拌器、控制开关等部件组成，利用机械运动将粉料、水和其他配料制成面坯，常用于大量面坯的调制。和面机的工作效率比手工操作高 5 ~ 10 倍，是面点制作中最常用的工具。

注意事项：不要一次性放过多的原材料进和面机，以免机器因高负荷运转而损坏。

2. 手动打蛋器

在面包制作过程中，手动打蛋器用于搅拌各种液体和糊状原料，可使搅拌更加快速、均匀。

注意事项：不可超量进行搅拌；每次使用后保持器具的清洁。

3. 擀面杖

擀面杖是用来擀压面团、粉料的棍子。

注意事项：最好选择木质结实、表面光滑的擀面杖；尺寸依据粉料的用量选择。

4. 量杯

量杯杯壁上有容量标识，可用来量取材料，如水、油等，还有大小尺寸可供选择。

注意事项：读数时眼睛注意平视刻度；量杯不能作为反应容器；量取时选用适合的量程。

5. 模具

不同的模具大小、形状各异，需要根据形状选取对应的模具。

注意事项：应选择大小合适的模具，并注意保持模具的清洁。

6. 毛刷

毛刷可用来抹蛋液或糖浆，材料有尼龙或动物毛，且毛的软硬粗细各不相同。如果涂抹面包表面的蛋液，使用柔软的羊毛刷比较合适。

注意事项：每次使用完后要清洗干净，保持完全干燥以备下次使用。

PART 1

初级入门篇

本部分挑选的这些面包制作过程较为简单，比较适合刚入门的你。配方中需要用到的原料较少，而且在制作上也较容易上手，只要你认真练习，要制作出一个香喷喷的面包会变得很简单。

蜜豆黄金面包

材料

种面：

高筋面粉 650 克，全蛋液 100 克，酵母 11 克，清水 275 毫升

主面：

砂糖 195 克，奶粉 40 克，盐 10 克，清水 195 毫升，奶香粉 5 克，奶油 115 克，高筋面粉 350 克，改良剂适量

其他配料：

蜜豆、杏仁片、黄金酱各适量

做法

① 将高筋面粉、酵母倒在一个盆里，拌匀；加入全蛋液、清水慢速拌匀，再转快速拌 2 分钟。

② 盖上保鲜膜，发酵 2 小时，保持温度 32℃、湿度 70%。

③ 将发酵好的种面和主面中的砂糖、清水快速搅拌约 2 分钟。

④ 加入主面中的高筋面粉、奶香粉、奶粉、改良剂慢速拌匀，然后转快速拌 2～3 分钟。

⑤ 加入奶油、盐，快速搅拌至面筋扩展。

⑥ 再发酵 20 分钟，保持温度 31℃、湿度 80%。

⑦ 把发酵好的面团分成每个约 65 克的小面团，滚圆后松弛 20 分钟。

⑧ 将小面团压扁排气，包入蜜豆，放进模具。

⑨ 发至模具九分满，挤上黄金酱。

⑩ 撒上杏仁片，入烤箱烘烤 15 分钟左右，温度为上火 170℃、下火 220℃。

酸奶面包

材料

高筋面粉 950 克，低筋面粉 150 克，全蛋液 100 克，奶油 115 克，酵母 15 克，砂糖 200 克，酸奶 600 毫升，改良剂 3.5 克，奶粉 40 克，盐 12 克

做法

1. 将高筋面粉、低筋面粉、酵母、改良剂、砂糖和奶粉倒在一起拌匀。
2. 加入全蛋液和酸奶拌匀，然后快速搅拌 2 分钟。
3. 加入奶油、盐慢速拌匀。
4. 快速搅拌至面团可拉出均匀薄膜状。
5. 盖上保鲜膜发酵 20 分钟，温度 29℃、湿度 80%。
6. 把发酵好的面团分成每个约 40 克的小面团。
7. 把小面团滚圆，盖上保鲜膜，松弛 20 分钟左右。
8. 排入烤盘，放入发酵箱中发酵 80 分钟。
9. 把发酵好的面团扫上全蛋液（分量外）。
10. 再挤上奶油（分量外）。
11. 放入烤箱烘烤 12 分钟，温度为上火 195℃、下火 180℃。

制作指导

　　滚圆面团时不要滚太长时间，以免影响面团的组织。

枸杞养生面包

材料

高筋面粉 500 克，砂糖 95 克，奶油 60 克，酵母 6 克，全蛋液 50 克，盐 5 克，改良剂 2.5 克，清水 275 毫升，枸杞 125 克

制作指导

如果想要面包造型更加漂亮，可以在烘烤前最后一步剪面团时剪得稍微深一点。

做法

❶ 将高筋面粉、酵母、改良剂、砂糖倒在一起，拌匀。

❷ 加入全蛋液、清水慢速拌匀，然后转快速拌 1 ~ 2 分钟。

❸ 加入奶油、盐，快速搅拌至面筋扩展，加入枸杞。

❹ 盖上保鲜膜发酵 25 分钟，保持温度 31℃、湿度 75%。

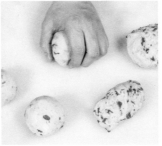
❺ 把发酵好的面团分成每个约 100 克的小面团，滚圆。

❻ 盖上保鲜膜，松弛 20 分钟。

❼ 把松弛好的小面团滚圆至表面光滑，放入小杯形模具中。

❽ 排入烤盘，放入发酵箱中发酵 75 分钟，保持温度 37℃、湿度 80%。

❾ 扫上全蛋液（分量外），用剪刀在上方剪出十字口，入烤箱以上火 185℃、下火 195℃烤 15 分钟左右即可。

蓝莓菠萝面包

材料

高筋面粉 2500 克，砂糖 275 克，全蛋液 250 克，奶油 265 克，酵母 25 克，奶粉 100 克，清水 1250 毫升，改良剂 9 克，炼奶 150 毫升，盐 25 克，蓝莓酱、菠萝皮各适量，糖粉 10 克

制作指导

用模具压面团是要做出一个有凹槽的造型，以便加上馅料，注意压模具时要控制好力度，不要把面团底部压破，否则最后将无法添加蓝莓酱。

做法

❶ 将高筋面粉、酵母、改良剂、奶粉和砂糖倒在一起,拌匀。

❷ 加入炼奶、全蛋液和清水拌匀,搅拌至七八成筋度。

❸ 加入奶油、盐,慢速拌匀。

❹ 转快速搅拌至可拉出薄膜状。

❺ 盖上保鲜膜,发酵25分钟,保持温度32℃、湿度75%。

❻ 分割成每个约65克的小面团。

❼ 将小面团滚圆,排入烤盘,松弛20分钟备用。

❽ 按照前面的方法制成菠萝皮,并分切成每个约30克的小块。

❾ 滚圆排气后,裹在小面团外面即可。

❿ 排入烤盘,将小碗形模具压在面团上成一个凹槽。

⓫ 常温下发酵至原面团的2~2.5倍,即可入烤箱烘烤,以上火185℃、下火160℃烤约15分钟。

⓬ 烤好后取出,拿开小模具,挤上蓝莓酱,撒上糖粉即可。

乳酪可颂面包

材料

高筋面粉 900 克，低筋面粉 100 克，全蛋液 150 克，砂糖 90 克，酵母 10 克，改良剂 4 克，奶粉 85 克，冰水 500 毫升，盐 15 克，奶油 85 克，片状酥油 500 克，沙拉酱适量，乳酪条、香酥粒各适量

做法

① 将高筋面粉、低筋面粉、酵母、砂糖、改良剂和奶粉倒在一起，拌匀。

② 加入全蛋液和冰水慢速拌匀，转快速拌2分钟左右。

③ 加入奶油和盐拌匀，快速拌至面团光滑。

④ 把面团压扁成长形，用保鲜膜包好放入冰箱冷冻30分钟。

⑤ 取出稍微擀开擀长，放上片状酥油。

⑥ 把片状酥油包在里面，捏紧收口，继续擀开擀长。

⑦ 叠三折，用保鲜膜包好放入冰箱冷藏30分钟以上。

⑧ 取出，擀至厚约7厘米、宽0.6厘米。

⑨ 用刀切成小块，放入发酵箱中醒发60分钟。

⑩ 扫上全蛋液（分量外）。

⑪ 放上乳酪条，挤上沙拉酱，撒上香酥粒。

⑫ 入烤箱烘烤约16分钟，温度为上火185℃、下火160℃。

制作指导

　　添加乳酪时，不要放太多乳酪条，以免压扁面包，影响整体的美观度，乳酪太多还会影响面包的口感。

田园风光面包

材料

面团：

高筋面粉 1000 克，奶粉 30 克，全蛋液 100 克，蛋黄液 50 克，奶油 115 克，酵母 8 克，奶香粉 5 克，清水 550 毫升，改良剂 2 克，砂糖 75 克，盐 20 克

黄金酱：

糖粉 60 克，蛋黄 4 个，盐 3 克，液态酥油 300 毫升，淡奶、炼奶各 20 毫升

其他配料：

火腿片、红椒丝、乳酪丝、番茄酱各适量

做法

❶ 将黄金酱中的材料倒在一个容器中，搅匀备用；将高筋面粉、酵母、改良剂、奶粉、奶香粉和砂糖投入搅拌缸内慢速拌匀。

❷ 加入全蛋液和清水拌匀，快速搅拌至面筋扩展；加入奶油、盐慢速拌匀，转快速搅拌 2～3 分钟，拌至面筋表面光滑，可以拉出薄膜状时即可。

❸ 盖上保鲜膜发酵 30 分钟，保持温度 30℃、湿度 75％；分割为每个 65 克的小面团，将小面团滚圆后松弛 20 分钟，用擀面杖擀开排气。

❹ 放上火腿片，卷起，对折，中间划 1 刀，醒发后扫上蛋黄液，撒上红椒丝、乳酪丝，挤上黄金酱、番茄酱，入烤箱烘烤 15 分钟，温度为上火 185℃、下火 165℃。

胡萝卜营养面包

材料

高筋面粉 500 克，改良剂 2 克，胡萝卜泥 275 克，胡萝卜丝 35 克，砂糖 95 克，奶粉 10 克，奶油 55 克，酵母 6 克，全蛋液 50 克，盐 5 克

制作指导

搅拌好的面团醒发时温度不要太高，30℃左右为佳。因为温度会直接影响到面团的醒发程度，最后也会影响到面包烘烤的效果。

做法

❶ 将高筋面粉、酵母、砂糖、改良剂和奶粉拌匀。

❷ 加入部分全蛋液和胡萝卜泥拌匀，转快速搅拌 2 分钟。

❸ 加入奶油、盐拌匀，搅拌至面筋扩展。

  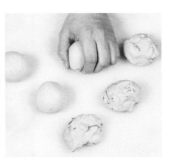

❹ 加入胡萝卜丝，以慢速搅拌均匀。

❺ 盖上保鲜膜，发酵 20 分钟，保持温度 30℃、湿度 80%。

❻ 把面团分成每个 65 克的小面团，滚圆后松弛 20 分钟。

 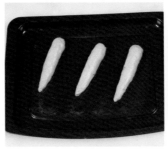 

❼ 将松弛好的小面团擀开排气，然后卷成胡萝卜形。

❽ 排入烤盘，放进发酵箱中醒发 70 分钟，温度 38℃、保持湿度 70%。

❾ 醒发后扫上剩余全蛋液，入烤箱烘烤 13 分钟，温度为上火 185℃、下火 160℃。

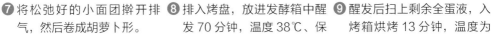

黄金玉米面包

材料

种面：
高筋面粉 500 克，全蛋液 75 克，酵母 7 克，
清水 250 毫升

黄金酱：
蛋黄 4 个，糖粉 60 克，盐 3 克，液态酥油
500 毫升，淡奶 30 毫升，炼奶 15 毫升

主面：
砂糖 135 克，蜂蜜 45 毫升，清水 100 毫升，

高筋面粉 250 克，奶香粉 4 克，改良剂 3 克，
盐 7 克，奶粉 20 克，奶油 75 克

其他配料：
玉米粒适量

制作指导
　　做黄金酱加入液态酥油时，要往同一方向
搅拌。

做法

❶ 将高筋面粉、酵母慢速搅拌均匀。

❷ 加入全蛋液、清水慢速拌匀，转快速打至五成筋度。

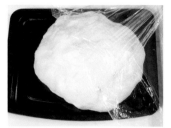

❸ 盖上保鲜膜，发酵3小时，发酵好即成种面。

❹ 将种面、砂糖、蜂蜜、清水放在一起，快速打至砂糖溶化。

❺ 加入主面中的高筋面粉、改良剂、奶粉、奶香粉慢速拌匀。

❻ 加入盐、奶油慢速拌匀，转快速拌匀。

❼ 发酵20分钟，保持温度36℃、湿度72%。

❽ 将面团分成每个约60克的小面团,滚圆后松弛20分钟。

❾ 将小面团搓成长条形并卷成螺旋状，放入纸膜中醒发90分钟，保持温度36℃、湿度70%。

❿ 发至模具九分满后，扫上全蛋液（分量外）。

⓫ 将玉米粒和黄金酱拌成馅，将黄金玉米馅放到面团上。

⓬ 放入烤箱中烘烤12分钟左右，温度为上火190℃、下火170℃。

杏仁提子面包

材料

高筋面粉 1000 克, 砂糖 195 克, 酵母 13 克, 改良剂 5 克, 奶粉 20 克, 鲜奶 250 毫升, 全蛋液 100 克, 清水 250 毫升, 盐 10 克, 奶油 120 克, 鲜奶油 40 克, 提子干 250 克, 杏仁碎适量

做法

❶ 将高筋面粉、砂糖、酵母、改良剂、奶粉倒在一起, 慢速拌匀。

❷ 加入鲜奶、全蛋液、清水慢速拌匀。

❸ 加入鲜奶油、奶油、盐慢速拌匀, 转快速拌至面筋扩展。

❹ 加入提子干慢速拌匀, 盖上保鲜膜, 松弛20分钟。

❺ 将面团分成每个约40克的小面团, 滚圆后松弛20分钟。

❻ 压扁排气, 卷成长方形, 表面扫上清水（分量外）。

❼ 撒上杏仁碎, 放入长方形纸模内, 醒发70分钟。

❽ 表面喷水, 入烤箱烘烤, 温度为上火180℃、下火160℃, 烤12分钟左右。

制作指导

面团的醒发程度会直接影响最后的烘烤效果, 制作这款面包的时候要注意控制好醒发的时间, 面团不要发得太大。

红糖面包

材料

高筋面粉 500 克，奶粉 20 克，酵母 6 克，红糖 100 克，清水 265 毫升，葡萄干 20 克，盐 5 克，改良剂 1.5 克，全蛋液 50 克，奶油 45 克，瓜子仁适量

做法

❶ 将红糖、全蛋液和清水倒在一起，拌至红糖溶化。

❷ 加入高筋面粉、酵母、改良剂和奶粉慢速拌匀，转快速搅拌3分钟。

❸ 加入奶油、盐拌匀，拌至可拉出薄膜状。

❹ 将面团松弛约20分钟，分切成每个约70克的小面团。

❺ 将小面团滚圆至光滑，再松弛20分钟。

❻ 把松弛好的小面团用擀面杖擀开排气。

❼ 卷成椭圆形，放入纸模中。

❽ 排入烤盘，放进发酵箱醒发70分钟。

❾ 将醒发好的面团扫上全蛋液（分量外），撒上瓜子仁、葡萄干。

❿ 放入烤箱烘烤15分钟左右，温度为上火190℃、下火165℃。

制作指导

　　这款面包中有红糖，所以面团本身会有颜色，烘烤的时候要注意控制好时间，不要烤得太久，以免影响美观。

咖啡面包

材料

高筋面粉 750 克，砂糖 150 克，清水 385 毫升，奶油 50 克，酵母 8 克，全蛋液 50 克，淡奶 35 毫升，改良剂 5 克，咖啡粉 10 克，盐 8 克

制作指导

品质好的面包口感一定是松软的，所以在搅拌的过程中注意不要把面团搅拌过度，以防面筋断裂、水分溢出，从而影响口感。

做法

❶ 将高筋面粉、酵母、改良剂、砂糖和咖啡粉倒在一起，拌匀。

❷ 加入全蛋液、淡奶和清水拌匀，搅拌 2 分钟左右。

❸ 加入奶油、盐拌匀，转快速搅拌至面筋扩展。

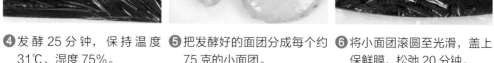

❹ 发酵 25 分钟，保持温度 31℃、湿度 75%。

❺ 把发酵好的面团分成每个约 75 克的小面团。

❻ 将小面团滚圆至光滑，盖上保鲜膜，松弛 20 分钟。

❼ 将松弛好的小面团用擀面杖擀开排气，再搓成长条形，放入长方形模具中。

❽ 放进发酵箱醒发 85 分钟，保持温度 38℃、湿度 75%。

❾ 扫上全蛋液（分量外），入烤箱，温度为上火 185℃、下火 190℃，烘烤 15 分钟即可。

纳豆面包

材料

高筋面粉 750 克，奶粉 25 克，奶香粉 3 克，砂糖 155 克，改良剂 2.5 克，盐 7.5 克，清水 1000 毫升，全蛋液 75 克，酵母 8 克，奶油 85 克，瓜子仁 20 克，纳豆适量

做法

❶ 将高筋面粉、奶粉、奶香粉、酵母、改良剂、砂糖倒在一起，拌匀，加入全蛋液、清水慢速拌匀，再转快速搅拌2分钟。

❷ 加入奶油、盐慢速拌匀，转快速搅拌至能拉出薄膜状，发酵25分钟。

❸ 将发酵好的面团分成每个约50克的小面团，滚圆，松弛20分钟，用擀面杖擀开排气。

❹ 放上纳豆，卷成橄榄形。

❺ 把面团从中间剪开，放入烤盘，入发酵箱醒发80分钟，保持温度37℃、湿度85%。

❻ 将醒发好的橄榄形面团扫上全蛋液（分量外）。

❼ 撒上瓜子仁，入烤箱烘烤12分钟左右，温度为上火195℃、下火170℃，烤好后取出即可。

制作指导

这款面包除了口感好之外，造型也特别漂亮。在卷橄榄形的时候，用擀面杖把面团稍微擀开一点，可卷出层次来，这样面包烤好后，造型会有立体感。

椰子丹麦面包

材料

高筋面粉 850 克，低筋面粉 150 克，砂糖 135 克，全蛋液 150 克，纯牛奶 150 毫升，冰水 300 毫升，酵母 13 克，改良剂 4 克，盐 15 克，奶油 120 克，瓜子仁 20 克，片状酥油 20 克，椰子馅适量

做法

❶ 将高筋面粉、低筋面粉、酵母和改良剂倒在一起，拌匀；加入砂糖、全蛋液、纯牛奶和冰水拌匀，转快速搅拌2分钟；加入盐和奶油，搅拌2分钟，压扁成长形后冷冻30分钟以上。

❷ 把面团稍擀开擀长，放上片状酥油，裹好，捏紧收口，再擀长，叠三下，用保鲜膜包好后放入冰箱中冷藏30分钟，重复三次即可。

❸ 将擀开的面团四周切去，扫上全蛋液（分量外），抹上椰子馅后卷成圆条形，切成可放入纸模的等份，放入圆形纸模后入发酵箱中醒发60分钟，保持温度35℃、湿度75%。

❹ 将醒好的面团扫上全蛋液（分量外），撒上瓜子仁，入烤箱烤12分钟左右，温度为上火185℃、下火160℃。

制作指导

注意在卷成形的时候不要卷得太紧，否则会影响面包在烤制时候的膨松度，不仅影响外观，还影响口感。

花生球

材料

高筋面粉 500 克，奶粉 20 克，全蛋液 50 克，盐 5 克，酵母 5 克，奶香粉 2 克，蜂蜜 10 毫升，奶油 55 克，改良剂 2.5 克，砂糖 100 克，清水 255 毫升，花生酱 60 克，花生油 10 毫升，花生仁碎适量

制作指导

这款面包的特点就是花生的脆搭配面包的软，在最后粘花生仁碎的时候，注意不要粘得太多，花生仁碎也不要太大，否则不容易粘牢固。

做法

❶ 将高筋面粉、酵母、改良剂、奶粉、奶香粉、大部分砂糖倒在一起拌匀。

❷ 加入全蛋液、清水、蜂蜜搅拌，打至五六成筋度。

❸ 加入奶油、盐慢速拌匀，转快速打至面筋扩展。

❹ 发酵 20 分钟，保持温度 30℃、湿度 80%。

❺ 把发酵好的面团分成每个约 35 克的小面团，滚圆后松弛 20 分钟。

❻ 将花生酱、花生油、剩余砂糖拌匀成馅。

❼ 将松弛好的小面团压扁排气，包入馅，捏紧收口，撒上花生仁碎。

❽ 排入烤盘，放进发酵箱醒发 90 分钟，保持温度 36℃、湿度 72%。

❾ 入烤箱烤 13 分钟左右，温度为上火 185℃、下火 165℃。

洋葱乳酪面包

材料

高筋面粉 750 克，改良剂 4 克，清水 425 毫升，干洋葱 85 克，低筋面粉 100 克，砂糖 65 克，沙拉酱适量，盐 20 克，炸洋葱 25 克，酵母 8 克，全蛋液 75 克，奶油 85 克，火腿丝、乳酪丝各适量

做法

❶ 将高筋面粉、低筋面粉、酵母、改良剂、砂糖倒在一起，拌匀；加入全蛋液和清水慢速拌匀，再转快速搅拌约 1 分钟。

❷ 加入奶油、盐慢速拌匀，转快速搅拌至面筋扩展；加入干洋葱和炸洋葱慢速拌匀，覆保鲜膜松弛 25 分钟。

❸ 将松弛好的面团分割成每个约 30 克的小面团，滚圆，盖上保鲜膜松弛 20 分钟后滚圆至光滑，用刀划个十字，放入圆形纸模中。

❹ 排入烤盘，放进发酵箱醒发 70 分钟，保持温度 38℃、湿度 75%。

❺ 将醒发好的面团扫上全蛋液（分量外），放上火腿丝、乳酪丝，再挤上沙拉酱，入烤箱烘烤 13 分钟左右，温度为上火 185℃、下火 165℃。

制作指导

在加入干洋葱和炸洋葱时，要从下往上捞起搅拌，不要搅拌时间过长，以免面团起筋过度，影响面包口感。

虾仁玉米面包

材料

面团：

高筋面粉 500 克，奶粉 20 克，全蛋液 55 克，奶油 55 克，酵母 5 克，奶香粉 3 克，清水 265 毫升，蛋糕油 3 克，改良剂 1.5 克，砂糖 45 克，盐 10 克

虾仁玉米馅：

虾仁 50 克，玉米粒 150 克，沙拉酱 50 克，青椒粒、胡萝卜碎各适量

做法

1 将高筋面粉、酵母、改良剂、奶粉、奶香粉和砂糖倒在一起，慢速拌匀。

2 加入部分全蛋液和清水拌匀，加入奶油、蛋糕油、盐搅拌至面筋扩展，盖上保鲜膜，松弛20分钟。

3 把松弛好的面团分割成每个约65克的小面团，滚圆，盖上保鲜膜，再松弛20分钟后压扁。

3 将虾仁、玉米粒和部分沙拉酱拌匀，包入面团中。

4 将面团压扁放入模具中，再排入烤盘，入发酵箱醒发60分钟，保持温度37℃、湿度70%。

5 在醒发好的面团上划上几刀，扫上全蛋液，表面放上青椒粒、胡萝卜碎，挤上剩余沙拉酱，入烤箱烘烤约15分钟，温度为上火180℃、下火195℃。

牛油面包

材料

高筋面粉 1350 克，低筋面粉 150 克，酵母 20 克，改良剂 5 克，奶粉 60 克，奶香粉 6.5 克，砂糖 335 克，全蛋液 125 克，蛋黄 80 克，清水 800 毫升，盐 16 克，牛油 210 克

制作指导

因为温度会直接影响面团的醒发程度，所以如果条件允许的话，面团搅拌好的温度最好控制在 26℃左右，这样面包口感会更好。

做法

❶ 将高筋面粉、低筋面粉、酵母、改良剂、奶香粉倒在一起，拌匀。

❷ 加入全蛋液、奶粉、砂糖、蛋黄和清水，搅拌 2 分钟。

❸ 加入牛油、盐慢速拌匀，再转快速搅拌至面筋扩展。

❹ 盖上保鲜膜，松弛 20 分钟。

❺ 将松弛好的面团分成每个约 40 克的小面团，滚圆。

❻ 盖上保鲜膜，再松弛 15 分钟左右。

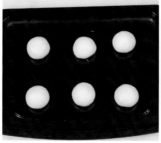

❼ 将小面团滚圆至光滑。

❽ 排入烤盘，放进发酵箱，最后醒发 90 分钟，保持温度 35℃、湿度 80%。

❾ 刷上全蛋液（分量外），入烤箱烘烤 15 分钟左右，温度为上火 185℃、下火 160℃。

玉米三明治

材料

高筋面粉 1000 克，低筋面粉 250 克，酵母 15 克，改良剂 5 克，砂糖 100 克，全蛋液 100 克，奶粉 50 克，鲜奶 150 毫升，清水 400 毫升，盐 25 克，奶油 150 克，三明治片、火腿片以及沙拉酱适量，玉米粒 50 克，火腿粒 50 克

做法

❶ 将高筋面粉、低筋面粉、奶粉、酵母、改良剂、砂糖慢速拌匀。

❷ 加入全蛋液、鲜奶、清水搅拌匀，打至面出筋。

❸ 加入奶油、盐拌匀，打至面筋扩展。

❹ 盖上保鲜膜，松弛20分钟。

❺ 将面团分割成每个约250克的小面团。

❻ 将小面团滚圆，用擀面杖擀开，排气。

❼ 卷成长条形，放入长方形模具中，放入发酵箱发酵2小时，保持温度35℃、湿度85%。

❽ 入烤箱烤约40分钟，取出切成片，挤上沙拉酱，放上火腿片，再挤上沙拉酱。

❾ 放上用玉米粒、火腿粒、沙拉酱拌好的馅，再叠上三明治片，表面用沙拉酱装饰。

❿ 切去边角，再对角切开即可。

制作指导

　　三明治做好后需常温晾凉，因为三明治吐司要凉透才可切片，否则会影响整体的美观。

全麦长棍面包

材料

高筋面粉 150 克, 全麦粉 500 克, 酵母 23 克, 改良剂 8 克, 乙基麦芽粉 10 克, 清水 1300 毫升, 盐 43 克, 奶油适量

做法

① 将高筋面粉、全麦粉、酵母、改良剂和乙基麦芽粉倒在一起, 拌匀。

② 加入清水慢速拌匀, 转快速搅拌2分钟。

③ 加入盐慢速拌匀, 搅拌至面筋扩展。

④ 发酵30分钟, 将面团分割为每个约300克的小面团。

⑤ 将小面团松弛20分钟, 压扁排气。

⑥ 搓成长条形面团。

⑦ 放入长条形的铁皮模具中, 进发酵箱中醒发90分钟, 保持温度35℃、湿度80%。

⑧ 在醒发好的面团上用刀在表面划几刀。

⑨ 挤上奶油, 喷水后入烤箱烘烤20分钟左右, 温度为上火250℃、下火200℃。

制作指导

　　全麦面包一定要色泽金黄才够诱人。要注意烤制的时间和温度, 烤至上色即可, 不要烤制时间过长, 否则会影响面包的口感和外观。

巧克力球

材料

高筋面粉 500 克，奶香粉 4 克，酵母 5 克，鲜奶 280 毫升，砂糖 100 克，盐 5 克，改良剂 2 克，全蛋液 55 克，奶油 50 克，巧克力豆、糖粉各适量

制作指导

　　面团醒发受温度的影响很大，所以要注意环境的温度。条件允许的情况下，搅拌好的面团最好保持温度在 25℃～28℃。

做法

❶ 将高筋面粉、酵母、改良剂和奶香粉倒在一起，慢速拌匀。

❷ 加入全蛋液、砂糖与鲜奶搅拌均匀。

❸ 快速搅拌 2 分钟，加入奶油、盐慢速拌匀。

❹ 转快速搅拌至可拉出均匀薄膜状即可。

❺ 盖上保鲜膜，发酵 20 分钟，保持温度 35℃、湿度 80%。

❻ 将发酵好的面团分割成每个 90 克的小面团备用。

❼ 盖上保鲜膜再松弛 20 分钟。

❽ 把松弛好的小面团滚圆至表面光滑即可。

❾ 放烤盘上，放入发酵箱，醒发约 85 分钟，保持温度 35℃、湿度 80%。

❿ 醒发面团至原来的两三倍大，扫上全蛋液（分量外），撒上巧克力豆。

⓫ 入烤箱烘烤约 10 分钟，温度为上火 185℃、下火 160℃。

⓬ 烤好后取出，筛上糖粉即可。

乳酪红椒面包

材料

高筋面粉 500 克，酵母 7 克，改良剂 3 克，清水 300 毫升，砂糖 35 克，盐 11 克，奶油 40 克，乳酪粉 45 克，红椒块 125 克，全蛋液适量

制作指导

由于面团过度起筋会影响口感，所以加红椒块时要从下往上捞起搅拌，注意不要拌太久，拌匀即可。

做法

❶ 将高筋面粉、酵母、改良剂、砂糖、乳酪粉、清水倒在一起，拌匀。

❷ 转快速拌 2 分钟成光滑面团。

❸ 加入奶油、盐拌匀，再加入红椒块慢速拌匀。

❹ 将面团松弛 20 分钟。

❺ 将面团分割成每个约 70 克的小面团，滚圆后再松弛 20 分钟。

❻ 用擀面杖将松弛好的小面团压扁排气，然后卷成长条形。

❼ 放入烤盘中醒发 90 分钟，保持温度 35℃、湿度 75%。

❽ 扫上全蛋液，撒上乳酪粉（分量外）。

❾ 入烤箱烘烤 15 分钟左右，温度为上火 185℃、下火 165℃。

美式提子面包

材料

高筋面粉 1000 克，改良剂 3 克，全蛋液 110 克，砂糖 185 克，奶粉 30 克，奶油 35 克，酵母 12 克，清水 250 毫升，鲜奶 250 毫升，盐 10 克，提子干 275 克，瓜子仁适量

制作指导

这款面包的形状为长条形，注意整形时要卷紧面团，防止在烤制的时候过度膨松，影响整体的美观度。

做法

❶ 将高筋面粉、酵母、改良剂、砂糖和奶粉拌匀。

❷ 加入全蛋液、鲜奶和清水拌匀，拌至七八成筋度。

❸ 加入奶油、盐慢速拌匀。

❹ 快速搅拌至面筋扩展，再加入提子干慢速拌匀即可。

❺ 发酵 25 分钟，保持温度 30℃、湿度 75%。

❻ 把发酵好的面团分成每个约 75 克的小面团。

❼ 把小面团滚圆，松弛 20 分钟。

❽ 将小面团擀开排气，卷成长条形，放入长方形纸模中。

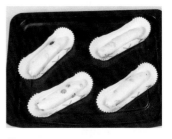

❾ 放入烤盘，再放进发酵箱，醒发约 90 分钟。

❿ 用刀在每个醒发好的面团上表面划三刀。

⓫ 扫上全蛋液（分量外），挤上奶油（分量外），撒上瓜子仁。

⓬ 放入烤箱烘烤，温度为上火 190℃、下火 165℃，烤 15 分钟左右，烤熟取出即可。

香菇培根卷

材料

高筋面粉 400 克，改良剂 2 克，全蛋液 55 克，奶油 50 克，低筋面粉 100 克，奶粉 10 克，清水 255 毫升，炒熟的香菇 85 克，酵母 6 克，砂糖 95 克，盐 5 克，干葱 2 克，培根适量

做法

① 将高筋面粉、低筋面粉、酵母、改良剂、奶粉、砂糖倒在一起，拌匀。

② 加入全蛋液与清水搅拌匀，转快速搅拌2分钟左右。

③ 加入奶油和盐拌匀，拌至面筋扩展。

④ 加入熟香菇拌匀，松弛20分钟。

⑤ 将面团分割成每个约65克的小面团，滚圆后再松弛20分钟。

⑥ 用擀面杖将松弛好的面团擀开排气。

⑦ 放上培根，卷成圆形，在顶部中间剪开一个小口，然后放入圆形纸模中。

⑧ 排入烤盘，放进发酵箱中醒发70分钟，保持温度37℃、湿度75%。

⑨ 在醒好的面团上扫上全蛋液（分量外）。

⑩ 放上干葱，入烤箱烘烤约14分钟，温度为上火185℃、下火195℃。

制作指导

面团过度起筋会影响面包的松软度，所以加入炒热的香菇后，搅拌时间不要过长，拌匀即可，注意防止面团过度起筋影响口感。

香菇乳酪吐司

材料

高筋面粉 650 克，改良剂 3 克，全蛋液 80 克，奶油 85 克，低筋面粉 100 克，奶粉 20 克，清水 380 毫升，炒过的香菇 125 克，酵母 8 克，砂糖 140 克，盐 7.5 克，乳酪丝适量

做法

❶ 将高筋面粉、低筋面粉、酵母、改良剂、奶粉和砂糖倒在一起，拌匀。

❷ 加入全蛋液和清水慢速拌匀，转快速搅拌均匀。

❸ 加入盐和奶油拌匀，拌至面筋扩展。

❹ 加入炒过的香菇慢速拌匀，发酵20分钟。

❺ 将面团分割成每个约50克的小面团，滚圆后松弛20分钟。

❻ 放入烤盘，进发酵箱中醒发65分钟，保持温度37℃、湿度80%。

❼ 用刀在醒发好的面团表面划几刀，扫上全蛋液（分量外）。

❽ 放上乳酪丝，入烤箱烘烤16分钟左右，温度为上火180℃、下火190℃。

制作指导

为保证面团的醒发度，在条件允许的情况下，建议将搅拌好的面团的温度保持在 26℃左右，这样醒发好的吐司会更加松软。

鸡尾面包

材料
主面：
高筋面粉1000克，砂糖185克，清水525毫升，盐10克，酵母10克，蜂蜜50毫升，奶粉40克，奶油110克，改良剂3克，全蛋液100克，奶香粉3克

鸡尾馅：
砂糖100克，全蛋液15克，低筋面粉50克，奶油100克，奶粉、椰蓉各适量

吉士馅：
清水100毫升，即溶吉士粉35克

其他配料：
白芝麻适量

制作指导
　　注意整形时要卷紧面团，防止烤制过度导致膨胀，影响面包的整体效果。

做法

❶ 将高筋面粉、酵母、奶香粉、奶粉、改良剂、砂糖倒在一起，拌匀。

❷ 加入全蛋液、清水、蜂蜜慢速搅拌，转快速拌 2 分钟。

❸ 加入奶油、盐拌匀，转快速打至面筋扩展至薄膜状。

❹ 盖上保鲜膜，发酵 20 分钟，保持温度 30℃、湿度 75%。

❺ 把发酵好的面团分成每个约 60 克的小面团，滚圆。

❻ 把小面团压扁排气，搓成橄榄形。

❼ 将砂糖、奶油、全蛋液、奶粉、低筋面粉、椰蓉倒在一起，拌匀。

❽ 包入步骤 7 拌匀的鸡尾馅。

❾ 排入烤盘，放入发酵箱，醒发 90 分钟左右。

❿ 发至原面团体积的 3 倍大后扫上全蛋液（分量外）。

⓫ 将清水、即溶吉士粉拌匀即成吉士馅。

⓬ 挤上吉士馅，撒上白芝麻，入烤箱烘烤 15 分钟左右，温度为上火 185℃、下火 160℃。

燕麦面包

材料

高筋面粉 400 克，燕麦粉 100 克，酵母 6 克，改良剂 2 克，吉士粉 20 克，砂糖、奶油各 45 克，清水 300 毫升，盐 12 克，燕麦片适量

制作指导

最后粘燕麦片的时候要粘均匀，不要粘太多，喜欢甜食的，还可以用蜂蜜代替清水来粘燕麦片，如此味道会更加美味。

做法

❶ 将高筋面粉、燕麦粉、酵母、改良剂、吉士粉倒在一起，拌匀。

❷ 加入砂糖、清水拌匀，转快速拌至七八成筋度。

❸ 加入奶油、盐慢速拌匀，转快速拌至面筋完全扩展。

❹ 盖上保鲜膜，发酵 20 分钟，保持温度 30℃、湿度 75%。

❺ 把发酵好的面团分成每个约 70 克的小面团。

❻ 滚圆至光滑，用保鲜膜包好，再松弛 20 分钟。

❼ 把松弛好的小面团压扁排气，卷成橄榄形。

❽ 扫上清水（分量外），粘上燕麦片，排好放入发酵箱，醒发 90 分钟。

❾ 入烤箱烤 15 分钟左右，温度为上火 200℃、下火 170℃，烤至呈金黄色即可。

鸡肉乳酪面包

材料

面团：

高筋面粉 1250 克，砂糖 85 克，鲜奶油 25 克，酵母 16 克，奶粉 50 克，盐 25 克，改良剂 3.5 克，全蛋液 100 克，奶油 120 克，清水适量

香菇鸡馅：

香菇 100 克，砂糖 10 克，鸡肉 175 克，鸡精 3 克，盐 2 克，清水 25 毫升，酱油 15 毫升

其他配料：

乳酪丝 50 克，沙拉酱适量，全蛋液 50 克

做法

❶ 将高筋面粉、酵母、改良剂、奶粉和砂糖倒在一起，拌匀。

❷ 加入全蛋液和清水搅拌2分钟，加入奶油、盐和鲜奶油快速搅拌至面筋扩展。

❸ 盖上保鲜膜，发酵20分钟，保持温度30℃、湿度80％。

❹ 把面团分割成每个65克的小面团，滚圆至光滑，松弛20分钟，压扁排气。

❺ 将所有香菇鸡馅材料炒熟，盛出，包入面团中，包成三角形，放入三角形纸模中。

❻ 排入烤盘，放发酵箱醒发85分钟，保持温度37℃、湿度75％。

❼ 在醒发好的面团表面扫上全蛋液（分量外）。

❽ 放上乳酪丝，挤上沙拉酱，入烤箱烘烤约15分钟，温度为上火185℃、下火165℃。

制作指导

将炒好的香菇鸡馅放凉透之后再包入面团中。

美妙蒜蓉面包

材料

面团:

高筋面粉 2500 克, 奶粉 110 克, 清水 1300 毫升, 奶油 265 克, 酵母 25 克, 砂糖 235 克, 鲜奶油适量, 改良剂适量, 全蛋液 100 克, 盐适量

蒜蓉馅:

奶油 150 克, 蒜蓉 45 克, 盐 1 克

其他配料:

干葱碎 15 克

做法

❶ 将高筋面粉、酵母、改良剂、奶粉、砂糖倒在一起, 慢速拌匀。

❷ 加入全蛋液、清水, 慢速搅拌均匀后转快速打2～3分钟。

❸ 加入奶油、盐、鲜奶油慢速拌匀, 转快速搅拌至面筋扩展呈薄膜状。

❹ 盖上保鲜膜, 发酵20分钟, 保持温度31℃、湿度72%。

❺ 将发酵好的面团分割成每个70克的小面团, 滚圆后盖上保鲜膜, 松弛20分钟, 擀扁卷成橄榄形。

❻ 放入烤盘, 入发酵箱发酵90分钟, 保持温度33℃、湿度72%。

❼ 扫上全蛋液（分量外）, 在中间划一刀。

❽ 中间撒上干葱碎后挤上蒜蓉馅, 入烤箱烘烤约15分钟, 温度为上火185℃、下火195℃。

提子核桃吐司

材料

高筋面粉 900 克，改良剂 4 克，全蛋液、奶油、大豆粉各 100 克，奶粉 45 克，清水 550 毫升，提子干 300 克，酵母 13 克，砂糖 190 克，盐 10 克，核桃碎 125 克，瓜子仁 20 克

制作指导

在面团上划刀的时候，注意控制好力度，轻轻地划即可，划得太深，吐司容易裂开，会影响到整体的美观度。

做法

❶ 将高筋面粉、大豆粉、酵母、改良剂、奶粉和砂糖倒在一起，拌匀。

❷ 加入全蛋液和清水慢速拌匀，转快速搅拌 2 分钟。

❸ 加入盐和奶油慢速拌匀，再转快速搅拌至面筋扩展。

❹ 加入提子干和核桃碎慢速搅拌均匀。

❺ 发酵 20 分钟，分割成每个 150 克的小面团。

❻ 松弛 20 分钟，滚圆至表面光滑，放入长方形模具中。

❼ 放入发酵箱，醒发 90 分钟，保持温度 36℃、湿度 75%。

❽ 用刀在醒发好的面团表面划几刀，扫上全蛋液（分量外）。

❾ 撒上瓜子仁，进烤箱烤 20 分钟，温度为上火 165℃、下火 195℃。

乳酪枸杞面包

材料

高筋面粉 750 克，砂糖 135 克，奶油 85 克，酵母 8 克，全蛋液 100 克，盐 8 克，改良剂 3.5 克，清水 360 毫升，枸杞 150 克，乳酪丝 12 克，沙拉酱 10 克

做法

❶ 把高筋面粉、酵母、改良剂、砂糖、全蛋液、清水倒在一起，拌至面筋扩展；加入奶油、盐快速拌至面筋完全扩展；加入一部分枸杞拌匀，覆保鲜膜，松弛25分钟。

❷ 将发酵好的面团分成每个70克的小面团，滚圆，排入烤盘，再发酵20分钟，保持温度38℃、湿度72%。

❸ 将发酵好的面团用手压扁排气，卷成橄榄形。放入发酵箱中，保持温度35℃、湿度72%。

❹ 醒发至原体积的2.5倍，扫上全蛋液（分量外）。

❺ 中间划一刀，撒上剩余枸杞，刨上乳酪丝，挤上沙拉酱。

❻ 入烤箱烘烤13分钟左右，温度为上火180℃、下火165℃，烤好后取出即可。

制作指导

　　枸杞具有很好的食疗价值，选用枸杞可以用新鲜的，也可以用干的，注意干的要泡软后使用。

红糖提子面包

材料

高筋面粉1250克, 奶粉45克, 清水650毫升, 酵母135克, 红糖245克, 盐12克, 改良剂4.5克, 全蛋液100克, 奶油130克, 提子干30克, 瓜子仁适量

做法

1. 先把红糖、清水、全蛋液倒在一起, 慢速拌匀。

2. 加入高筋面粉、酵母、改良剂、奶粉慢速拌匀, 转快速拌2~3分钟。

3. 加入奶油、盐慢速拌匀, 拌至呈薄膜状, 盖上保鲜膜, 松弛20分钟。

4. 把松弛好的面团分成每个约80克的小面团, 滚圆后松弛20分钟, 压扁排气, 放入提子干, 卷成橄榄形。

5. 放在烤盘上, 入发酵箱中发酵90分钟, 保持温度38℃、湿度70%, 发酵至原面团体积的3倍, 表面划几刀, 扫上全蛋液 (分量外), 撒上瓜子仁。

6. 入烤箱烘烤13分钟左右, 温度为上火185℃、下火165℃。

制作指导

注意搅拌时控制好面团的起筋度, 不要搅拌过度, 条件允许的话, 建议将搅拌好的面团保持在28℃的环境中。

起酥叉烧面包

材料

主面：

高筋面粉 2500 克，砂糖 450 克，淡奶 135 毫升，鲜奶油 65 克，酵母 25 克，蜂蜜 45 毫升，奶粉 12 克，盐 25 克，改良剂 10 克，全蛋液 250 克，清水 1300 毫升，奶油 250 克

其他配料：

起酥皮适量，全蛋液 50 克，叉烧馅适量

做法

① 将高筋面粉、酵母、改良剂、奶粉与砂糖倒在一起，搅拌均匀。

② 加入蜂蜜、全蛋液、淡奶与清水慢速拌匀，转快速搅拌至七八成筋度。

③ 加入鲜奶油、奶油和盐拌至起筋。

④ 盖上保鲜膜松弛约20分钟，面团分割成每个60克的小面团。

⑤ 再松弛20分钟，用手压扁排气。

⑥ 把叉烧馅包入面团中，捏紧收口，然后放入纸模中。

⑦ 排入烤盘，进发酵箱醒发约80分钟，保持温度38℃、湿度75%。

⑧ 在醒发好的面团表面扫上全蛋液。

⑨ 放上两片起酥皮，入烤箱烘烤约15分钟，温度为上火190℃、下火160℃。

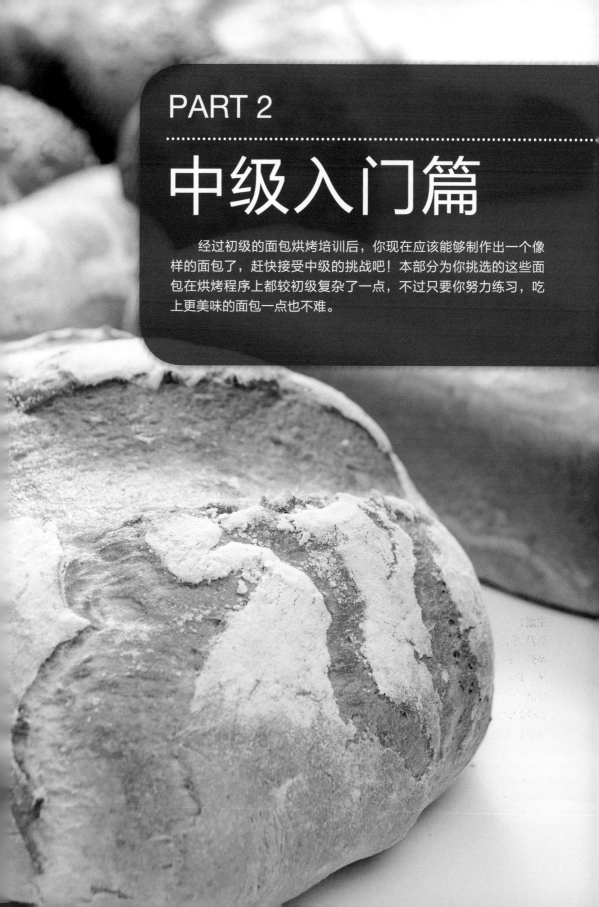

PART 2

中级入门篇

经过初级的面包烘烤培训后，你现在应该能够制作出一个像样的面包了，赶快接受中级的挑战吧！本部分为你挑选的这些面包在烘烤程序上都较初级复杂了一点，不过只要你努力练习，吃上更美味的面包一点也不难。

巧克力面包

材料

高筋面粉 500 克,全蛋液 50 克,淡奶 30 毫升,酵母 6 克,咖啡粉 7 克,盐 5 克,改良剂、清水、奶油、砂糖各适量,巧克力馅、白巧克力、黑巧克力豆各适量

制作指导

做巧克力馅时,最好先将其他配料煮成糊状,再加入奶油和白巧克力。

做法

❶ 将巧克力馅煮成糊状,加白巧克力拌匀。

❷ 将高筋面粉、酵母、砂糖、改良剂和咖啡粉倒在一起,慢速拌匀。

❸ 加入全蛋液、清水、淡奶拌匀,拌至七八成筋度。

❹ 加入奶油、盐慢速拌匀,转快速拌至面筋扩展。

❺ 盖上保鲜膜,发酵 20 分钟,温度 30℃、湿度 70%。

❻ 将面团分成每个 65 克的小面团,滚圆后松弛 15 分钟。

❼ 扫上清水(分量外),粘上黑巧克力豆,发酵 90 分钟。

❽ 入烤箱烘烤 13 分钟,温度 为上火 185 ℃、下火 160℃。

❾ 取出,对半切开,中间挤入巧克力馅即可。

培根串

材料

种面：

高筋面粉 500 克，酵母 7 克，全蛋液 50 克，
清水 250 毫升

主面：

砂糖 65 克，清水 100 毫升，蜂蜜 15 毫升，
高筋面粉 250 克，奶粉 25 克，改良剂 2.5 克，
盐 15 克，奶油 70 克，蛋糕油 3 克

其他配料：

培根若干，面包糠适量

做法

❶ 将高筋面粉、酵母倒在一起，慢速拌匀。

❷ 加入全蛋液、清水，转快速打 2 ~ 3 分钟。

❸ 盖上保鲜膜，发酵 2 小时，保持温度
   33℃、湿度 75%。

❹ 加入砂糖、蜂蜜、清水快速打至糖溶化。

❺ 加入高筋面粉、奶粉、改良剂拌匀。

❻ 加入盐、奶油、蛋糕油拌匀，再发酵 30 分
   钟，温度 35℃、湿度 76%。

❼ 将松弛好的面团分割为每个 60 克的小面
   团，滚圆后松弛 20 分钟。

❽ 用擀面杖压扁排气，擀成长条状。

❾ 放上 1 片培根，卷起，切成几块，用竹签
   串起来备用。

❿ 粘上面包糠，常温下松弛 90 分钟。

⓫ 把松弛好的面团放入锅中，油炸至熟。

制作指导

　　油温宜控制在 160℃左右。

雪山椰卷

材料

种面：

高筋面粉 1450 克，酵母 22 克，清水适量

主面：

砂糖 500 克，高筋面粉 950 克，盐 25 克，全蛋液 250 克，改良剂 5 克，奶油适量，清水适量，奶香粉 30 克

椰蓉馅：

砂糖 200 克，全蛋液 75 克，椰蓉 300 克，奶油、奶粉各适量，椰香粉 30 克

其他配料：

糖粉 10 克

做法

❶ 将砂糖、奶油倒在一起，慢速拌匀，加入全蛋液拌匀，再加入椰蓉、椰香粉、奶粉拌匀即成椰蓉馅。

❷ 将高筋面粉、酵母、清水倒在一起，慢速拌匀。

❸ 发酵 2 小时后，即成种面，加入砂糖、全蛋液和清水快速打至糖溶化。

❹ 加入高筋面粉、奶香粉和改良剂拌匀。

❺ 加入奶油、盐搅拌至面筋扩展。

❻ 盖上保鲜膜，松弛 20 分钟，将面团分成每个 65 克的小面团，滚圆、松弛。

❼ 将小面团压扁排气，包入椰蓉馅。

❽ 卷好，用刀划几刀，打结后醒发。

❾ 入烤箱烘烤 15 分钟，温度为上火 185℃、下火 160℃，取出后筛上糖粉即可。

流沙面包

材料
面团：
高筋面粉 1250 克，奶粉 50 克，清水 650 毫升，奶油 130 克，酵母 15 克，砂糖 100 克，改良剂 4 克，全蛋液 100 克，盐 25 克

流沙馅：
熟咸蛋黄 50 克，白奶油 15 克，奶粉 35 克，吉士粉 5 克，奶油 75 克，砂糖 55 克，即溶吉士粉 25 克

其他配料：
黄金酱适量

制作指导
　　搅拌流沙馅时，最好朝一个方向搅拌，这样馅的品质会更好。

做法

❶ 将高筋面粉、酵母、改良剂、奶粉、砂糖倒在一起，拌匀。

❷ 倒入全蛋液、清水，快速打2～3分钟。

❸ 倒入奶油、盐慢速拌匀，拌匀后转快速拌2～3分钟。

❹ 盖上保鲜膜，发酵22分钟，保持温度33℃、湿度70%。

❺ 把发酵好的面团分割为每个65克的小面团。

❻ 把小面团滚圆，盖上保鲜膜，再发酵20分钟，保持温度33℃、湿度72%。

❼ 将流沙馅料混合好备用。

❽ 将发酵好的小面团压扁排气。

❾ 包入流沙馅。

❿ 放入小杯形模具中，排入烤盘，入发酵箱发酵70分钟，保持温度34℃、湿度71%。

⓫ 扫上全蛋液（分量外）。

⓬ 挤上黄金酱，入烤箱烘烤15分钟左右，温度为上火180℃、下火195℃。

培根乳酪三明治

材料

高筋面粉 1500 克，低筋面粉 375 克，酵母 20 克，改良剂 5 克，砂糖 150 克，全蛋液 150 克，鲜奶 250 毫升，清水 625 毫升，奶粉 45 克，盐 36 克，白奶油 280 克，火腿片 100 克，培根片 100 克，沙拉酱适量，乳酪片适量

做法

❶ 将高筋面粉、低筋面粉、酵母、改良剂、砂糖、奶粉倒在一起，慢速拌匀。

❷ 加全蛋液、鲜奶、清水快速拌 2 分钟。

❸ 加入白奶油、盐快速拌至面团光滑。

❹ 盖上保鲜膜，松弛 20 分钟，分成每个 250 克的小面团，滚圆后再松弛 20 分钟。

❺ 用擀面杖擀开面团排气，放入发酵箱中。

❻ 醒发后盖上铁盖，入烤箱烘烤 45 分钟，温度为上火 180℃、下火 180℃。

❼ 烤好后取出切片。

❽ 放上火腿片、培根片，中间用沙拉酱及面包片隔开，切去边皮，沿斜角切开，扫上全蛋液（分量外），放上乳酪片。

❾ 再入烤箱，温度为上火 190℃、下火 110℃，烤 15 分钟即可。

制作指导

　　三明治以色泽金黄最为诱人，所以在烤制过程中要注意火候，不要烤得颜色太深。

乳酪蓝莓面包

材料

种面：

高筋面粉 850 克，酵母 12 克，全蛋液 125 克，清水 430 毫升

主面：

砂糖 200 克，蜂蜜 100 毫升，清水 150 毫升，高筋面粉 400 克，奶粉 50 克，改良剂 4 克，盐 12.5 克，奶油 125 克

蓝莓馅：

鲜奶 50 毫升，蓝莓酱 100 克，即溶吉士粉 85 克

其他配料：

杏仁片适量，乳酪酱适量

做法

❶ 将鲜奶、蓝莓酱、即溶吉士粉倒在一起，拌成蓝莓馅。

❷ 将高筋面粉、酵母、清水和全蛋液快速打 2 分钟，发酵 125 分钟即成种面。

❸ 将种面、砂糖、蜂蜜、清水倒在一起，快速搅拌 2 分钟。

❹ 加入高筋面粉、奶粉、改良剂打至七八成光滑，加入奶油、盐打至完全扩展。

❺ 盖上保鲜膜，发酵 30 分钟，分成每个 65 克的小面团，滚圆后发酵 20 分钟，保持温度 32℃、湿度 70%。

❻ 将小面团用擀面杖擀开排气，抹上蓝莓馅，卷成长形，划刀后放入长形纸模中。醒发后扫上全蛋液（分量外），挤上乳酪酱。

❼ 撒上杏仁片，入烤箱烘烤 18 分钟，温度为上火 185℃、下火 170℃。

培根可颂面包

材料

高筋面粉 900 克, 低筋面粉 100 克, 砂糖 90 克, 酵母 16 克, 改良剂 4 克, 奶粉 100 克, 全蛋液 150 克, 盐 16 克, 奶油 90 克, 蛋黄 100 克, 鲜奶 125 毫升, 番茄汁 50 毫升, 片状酥油适量, 培根片 100 克, 洋葱条 75 克, 乳酪条适量, 沙拉酱适量

做法

❶ 将高筋面粉、低筋面粉、砂糖、酵母、改良剂、蛋黄、鲜奶、番茄汁倒在一起, 慢速拌匀, 转快速拌 2 分钟。

❷ 加入盐、奶油拌至面团表面光滑。

❸ 将面团压扁成长方形, 冷冻 30 分钟。

❹ 将面团擀宽擀长, 放入片状酥油, 按紧。

❺ 用擀面杖将面团再次擀宽擀长。

❻ 将面团叠成三层, 放入冰箱冷藏 30 分钟。

❼ 取出面团, 擀开擀长至厚 0.7 厘米。

❽ 切成长 12 厘米、宽 9 厘米的面块。

❾ 将切开的面块扫上全蛋液, 放上培根片。

❿ 往中间叠, 将培根片包好, 用刀划 2 刀。

⓫ 醒发后, 扫上全蛋液（分量外）, 放洋葱条、乳酪条, 挤上沙拉酱, 入烤箱烤 17 分钟, 温度为上火 185℃、下火 160℃。

制作指导

不要烤得时间过长, 以免面团收缩。

香菇鸡粒吐司

材料

种面：

高筋面粉 600 克，酵母 11 克，全蛋液 50 克，清水 325 毫升

主面：

砂糖 85 克，清水 180 毫升，高筋面粉 400 克，改良剂 5 克，奶粉 45 克，奶香粉 5 克，奶油 100 克，盐 20 克

其他配料：

香菇鸡粒馅适量，乳酪片适量，沙拉酱适量

做法

❶ 将高筋面粉、酵母拌匀，加入全蛋液和清水倒在一起，拌匀。

❷ 发酵 2 小时，即成种面。

❸ 把种面、砂糖和清水拌至糖溶化。

❹ 加入高筋面粉、改良剂、奶香粉和奶粉慢速拌匀，转快速搅拌 2 分钟。

❺ 加入奶油和盐拌至可拉出薄膜状。

❻ 盖上保鲜膜，松弛 20 分钟，分割成每个 100 克的小面团。

❼ 将小面团滚圆后发酵 20 分钟，保持温度 30℃、湿度 70%，之后擀开排气。

❽ 放上香菇鸡粒馅，卷成形，醒发 10 分钟。

❾ 扫上全蛋液（分量外），放上乳酪片。

❿ 挤上沙拉酱，入烤箱烘烤约 25 分钟，温度为上火 170℃、下火 215℃。

西式香肠面包

材料

高筋面粉 1750 克，奶粉 65 克，清水 850 毫升，奶油 150 克，酵母 20 克，砂糖 150 克，改良剂 7 克，全蛋液 150 克，盐 36 克，红椒丝 15 克，乳酪丝 30 克，沙拉酱、香肠各适量，蛋黄液适量

制作指导

　　剪麻花状时不要把面团剪断，要控制好力度，开口不可过大，剪口方向也要控制好，这样做出来的面包造型烤出来会更加好看。

做法

❶ 将高筋面粉、酵母、改良剂、奶粉和砂糖倒在一起，拌匀。

❷ 加入全蛋液和清水慢速拌匀，转快速搅拌 2 分钟。

❸ 把奶油、盐加入慢速拌匀，再转快速拌匀。

❹ 搅拌至面筋可扩展至薄膜状即可。

❺ 盖上保鲜膜松弛约 25 分钟。

❻ 将松弛好的面团分割成每个 65 克的小面团。

❼ 把小面团滚圆，盖上保鲜膜松弛 20 分钟。

❽ 将松弛好的小面团用擀面杖擀开排气。

❾ 包入香肠，卷成长条形，用剪刀左右不对称剪，呈麻花状剪五刀。

❿ 入发酵箱醒发 100 分钟，保持温度 38℃、湿度 78%。

⓫ 在发酵的面团表面扫上蛋黄液，撒上红椒丝、乳酪丝。

⓬ 挤上沙拉酱，入烤箱烘烤 20 分钟左右，温度为上火 185℃、下火 160℃。

瑞士红豆面包

材料

种面：

高筋面粉 850 克，酵母 12 克，全蛋液 130 克，清水 430 毫升

主面：

砂糖 215 克，高筋面粉 400 克，奶香粉 5 克，蜂蜜 35 毫升，改良剂 4 克，盐 13 克，清水 125 克，奶粉 50 克，奶油 125 克

其他配料：

红豆馅 200 克，瓜子仁适量

做法

❶ 将高筋面粉、酵母倒在一起，慢速拌匀。

❷ 加入全蛋液、清水慢速拌匀，转快速搅拌成团。

❸ 发酵 130 分钟，即成为种面。

❹ 将种面、砂糖、蜂蜜和清水拌匀。

❺ 加入高筋面粉、奶粉、改良剂、奶香粉慢速拌匀，转快速拌 2 分钟。

❻ 加入奶油、盐拌匀，拌至可拉出薄膜状，盖上保鲜膜，发酵 20 分钟，保持温度 30℃、湿度 80%，然后分成每个 70 克的小面团，滚圆后松弛 15 分钟。

❼ 将小面团压扁排气，包入红豆馅，卷起成形，表面划几刀。

❽ 排入烤盘，放进发酵箱醒发 80 分钟，保持温度 38℃、湿度 75%。

❾ 在醒发好的面团表面扫上全蛋液（分量外）。

❿ 撒上瓜子仁，入烤箱烘烤 15 分钟，温度为上火 190℃、下火 170℃。

玉米乳酪面包

材料

种面:

高筋面粉 1050 克, 酵母 18 克, 全蛋液 150 克, 水 550 毫升

主面:

砂糖 290 克, 清水 185 毫升, 改良剂 3 克, 高筋面粉 450 克, 奶粉 55 克, 盐 15 克, 奶油 150 克

乳酪玉米馅:

水 100 毫升, 奶油 25 克, 卡思粉 40 克, 玉米粒 75 克

其他配料:

乳酪片适量

做法

❶ 将水、奶油、卡思粉、玉米粒倒在一起, 拌成玉米馅。

❷ 将种面材料拌匀, 快速搅拌 2 分钟。

❸ 发酵 110 分钟, 然后与砂糖和清水拌匀。

❹ 加入高筋面粉、改良剂和奶粉慢速拌匀, 转快速搅拌至七八成筋度。

❺ 加入奶油和盐慢速拌匀, 将面团松弛 15 分钟, 分成每个 75 克的小面团。

❻ 把松弛好的小面团擀开排气, 放上乳酪片, 卷起成长条。

❼ 用剪刀在顶端剪开一个小口, 再醒发 75 分钟。

❽ 扫上全蛋液 (分量外), 挤上乳酪玉米馅, 入烤箱烘烤 15 分钟左右, 温度为上火 190℃、下火 165℃。

菠萝提子面包

材料
面团：

高筋面粉 500 克, 奶粉 13 克, 清水 125 毫升, 盐 5 克, 酵母 6 克, 砂糖 85 克, 全蛋液 60 克, 奶油 50 克, 改良剂 2 克, 鲜奶 100 毫升, 鲜奶油 25 克, 提子干 165 克

菠萝皮：

奶油 250 克, 糖粉 215 克, 全蛋液 75 克, 奶香粉 3 克, 低筋面粉 200 克, 菠萝适量

做法

❶ 将高筋面粉、酵母、改良剂、砂糖倒在一起, 拌匀。

❷ 加入奶粉、鲜奶、全蛋液和清水快速搅拌 2 分钟。

❸ 加入奶油、盐和鲜奶油慢速拌匀。

❹ 快速搅拌至面筋扩展。

❺ 加入提子干, 慢速拌匀。

❻ 盖上保鲜膜, 发酵 25 分钟, 保持温度 30℃、湿度 75%。

❼ 把发酵好的面团分成每个 65 克的小面团。

❽ 滚圆后松弛 20 分钟。

❾ 把菠萝皮中的所有材料拌匀, 分成等份, 擀开排气。

❿ 压扁菠萝皮, 包在小面团外面, 然后放入纸模中。

⓫ 排入烤盘, 醒发至原面团的 2 ~ 3 倍即可。

⓬ 放入烤箱烘烤 15 分钟, 温度为上火 185℃、下火 165℃。

香芹热狗面包

材料

高筋面粉 750 克，砂糖 55 克，全蛋液 100 克，奶油 90 克，培根丝 50 克，低筋面粉 150 克，酵母 10 克，清水 370 毫升，香芹 150 克，甜老面 150 克，改良剂 45 克，盐 18 克，热狗肠 75 克，葱花 10 克

做法

❶ 将砂糖、全蛋液、清水、甜老面倒在一起，拌至糖溶化。

❷ 加入高筋面粉、低筋面粉、酵母和改良剂，搅拌 2 分钟，加奶油、盐拌至面筋完全扩展。

❸ 将香芹略加拌炒，和培根丝一起加入面团中拌匀，覆保鲜膜，松弛约 25 分钟。

❹ 将松弛好的面团分成每个 70 克的小面团。

❺ 盖上保鲜膜，发酵 20 分钟，保持温度 31℃、湿度 70%，压扁排气，放上热狗肠，卷成长条。

❻ 放入纸模中，用刀左右不对称、呈麻花状切 4 刀，排入烤盘，放入发酵箱中醒发 90 分钟，保持温度 38℃、湿度 75%。

❼ 给醒发好的面团扫上全蛋液（分量外），撒上葱花。

❽ 入烤箱烘烤 15 分钟左右，温度为上火 185℃、下火 180℃。

制作指导

切面团时要控制好力度，不要把面团切断。

番茄面包

材料
面团:

高筋面粉 1000 克，奶粉 20 克，番茄汁 550 毫升，酵母 12 克，砂糖 180 克，盐 10 克，改良剂 5 克，全蛋液 65 克，奶油 110 克

蛋黄酱:

糖 50 克，盐 1 克，奶油 70 克，蛋黄 45 克，液态酥油 115 毫升，炼奶 15 毫升

其他配料:

番茄丝适量

制作指导

    要掌握好面团的搅拌程度，不要搅拌过度引起起筋，否则会影响面包的口感。

做法

❶ 将糖、盐、奶油、蛋黄、液态酥油、炼奶倒在一起，拌匀成蛋黄酱。

❷ 将高筋面粉、酵母、砂糖、改良剂和奶粉拌匀。

❸ 加入番茄汁和全蛋液，快速搅拌至七成筋度。

❹ 加入奶油、盐慢速拌匀，转快速搅拌至可拉出薄膜状。

❺ 盖上保鲜膜发酵 30 分钟，保持温度 30℃、湿度 75%。

❻ 把发酵好的面团分成每个 60 克的小面团。

❼ 把小面团滚圆，再松弛 20 分钟左右。

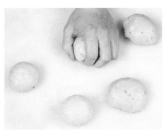
❽ 滚圆至紧实光滑。

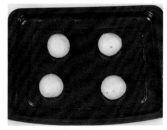
❾ 排入烤盘，放进发酵箱，最后醒发 80 分钟。

❿ 醒发至原面团体积的 2 ~ 3 倍即可。

⓫ 在中间打个孔，扫上全蛋液（分量外），在孔上放上番茄丝，挤上蛋黄酱。

⓬ 放入烤箱烘烤 15 分钟，温度为上火 185 ℃、下火 160℃。

火腿蛋三明治

材料

高筋面粉 1500 克，低筋面粉 375 克，酵母 20 克，改良剂 6.5 克，砂糖 150 克，全蛋液 150 克，鲜奶 200 毫升，清水 630 毫升，奶粉 35 克，盐 37.5 克，白奶油 230 克，火腿片 125 克，沙拉酱、煎好的番茄蛋各适量

做法

❶ 将高筋面粉、低筋面粉、酵母、改良剂、奶粉、砂糖倒在一起，慢速拌匀。

❷ 加入全蛋液、鲜奶、清水慢速拌匀，转快速拌 2 分钟。

❸ 加入白奶油、盐拌至面团表面光滑。

❹ 盖上保鲜膜，松弛 20 分钟后，分割成每个约 250 克的小面团。

❺ 把面团滚圆，松弛后用擀面杖压扁擀长。

❻ 卷成长条形，放入发酵箱醒发 100 分钟，温度 35℃、湿度 75%。

❼ 盖上铁盖，入烤箱烘烤约 45 分钟，温度为上火 180℃、下火 180℃。

❽ 取出后将面包切片，放上沙拉酱、煎好的番茄蛋，挤上沙拉酱，放上一片面包。

❾ 再挤上沙拉酱，放上火腿片及沙拉酱。切掉边角，对折切开。

❿ 在表面挤上沙拉酱，入烤箱烘烤 15 分钟，温度为上火 180℃、下火 180℃。

制作指导

面包取出后，要凉透才可以切片，因为刚烤好的面包太松软，不容易切成形。

肉松火腿三明治

材料

高筋面粉 200 克，低筋面粉 500 克，酵母 25 克，改良剂 8 克，砂糖 200 克，全蛋液 150 克，蛋黄液 60 克，鲜奶 300 毫升，清水 800 毫升，奶粉 50 克，盐 50 克，白奶油 250 克，沙拉酱适量，肉松 100 克，火腿片 125 克，乳酪条适量

做法

1 将高筋面粉、低筋面粉、酵母、改良剂、砂糖、奶粉倒在一起，慢速拌匀。

2 加入全蛋液、鲜奶、清水慢速拌匀，转快速拌 2 分钟。

3 加入白奶油、盐快速拌至面团表面光滑。

4 盖上保鲜膜，松弛 20 分钟后，分割成每个约 250 克的小面团。

5 滚圆后松弛 20 分钟，用擀面杖擀开排气。

6 卷成长条形，放入发酵箱醒发 100 分钟。

7 盖上铁盖，入烤箱烘烤，温度为上火 180℃、下火 180℃。取出后切片，挤上沙拉酱及肉松，再放沙拉酱、面包片。

8 再依序放沙拉酱、火腿片、沙拉酱、面包片。切掉边角，对折切开，扫上蛋黄液。

9 放上乳酪条，入烤箱烘烤 15 分钟左右，温度为上火 180℃、下火 180℃。

菠萝蜜豆面包

材料

菠萝皮:

奶油 120 克，糖粉 120 克，全蛋液 50 克，
奶香粉 2 克，低筋面粉适量

面团:

高筋面粉 1500 克，糖粉 300 克，全蛋液
165 克，奶油 150 克，酵母 18 克，奶粉 65 克，
清水 800 毫升，改良剂 5 克，奶香粉 12 克，
盐 15 克

其他配料:

蜜豆适量

制作指导

　　加糖粉拌的时候，不要过度搅拌，否则面
团过度起筋会影响面包的膨松度。

做法

❶ 将菠萝皮中的所有材料倒在一起，拌匀备用。

❷ 将高筋面粉、酵母、改良剂、奶粉、奶香粉和糖粉倒在一起，拌匀。

❸ 加入全蛋液和清水慢速拌匀，再快速搅拌 2 分钟。

❹ 拌至面团起筋，加入奶油、盐，拌至面筋扩展。

❺ 盖上保鲜膜发酵 15 分钟，保持温度 30℃、湿度 75%。

❻ 把发酵好的面团分割成每个 65 克的小面团。

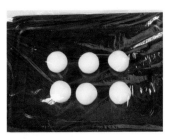

❼ 滚圆后松弛 20 分钟。

❽ 然后将松弛好的小面团用手压扁排气。

❾ 包入蜜豆，揉成圆形。

❿ 将菠萝皮包在面团外面，放入杯形模具中。

⓫ 排入烤盘，以常温醒发 100 分钟左右。

⓬ 入烤箱烘烤，温度为上火 180℃、下火 190℃，烤约 15 分钟取出即可。

亚提士面包

材料

乳酪馅：

奶油乳酪 120 克，奶油 120 克，糖粉 60 克，奶粉 45 克，低筋面粉 20 克

种面：

高筋面粉 800 克，鲜奶 430 毫升，酵母 16 克，全蛋液 150 克

主面：

砂糖 286 克，高筋面粉 600 克，改良剂 4 克，奶粉 30 克，奶油适量，盐、清水各适量

汤面：

高筋面粉 300 克，热水、砂糖各适量

其他配料：

提子干适量，杏仁片适量，全蛋液适量

做法

❶ 将奶油乳酪、奶油、糖粉、奶粉和低筋面粉拌成乳酪馅。

❷ 把种面材料搅打后，发酵 90 分钟，保持温度 35℃、湿度 70%。

❸ 将汤面材料与种面、砂糖和清水一起拌匀，加入高筋面粉、改良剂和奶粉拌匀，加入盐、奶油慢速拌匀。

❹ 滚圆松弛 20 分钟，分成每个 75 克的小面团，用擀面杖擀开，放入提子干，卷成形。排好放入发酵箱中醒发 65 分钟。

❺ 扫上全蛋液，挤上乳酪馅。

❻ 撒上杏仁片，入烤箱烘烤 15 分钟，温度为上火 185℃、下火 160℃。

番茄蛋面包

材料

种面：

高筋面粉 500 克，全蛋液 75 克，酵母 7 克，清水 250 毫升

主面：

砂糖 150 克，清水 125 毫升，高筋面粉 250 克，改良剂 2.5 克，奶粉 25 克，盐 8 克，奶油 75 克

其他配料：

炒好的番茄蛋适量，番茄酱适量，乳酪丝 50 克

做法

❶ 将高筋面粉、酵母倒在一起，慢速拌匀。

❷ 加入全蛋液、清水快速拌 2 ~ 3 分钟。

❸ 将面团松弛 2 小时。

❹ 将面团、砂糖、清水混合搅拌 2 分钟，打成糊状。

❺ 加入高筋面粉、改良剂、奶粉慢速拌匀，转快速搅拌 2 分钟。

❻ 加盐、奶油慢速拌匀，拌至面筋扩展。

❼ 盖上保鲜膜，松弛 20 分钟，分割成每个 60 克的小面团。

❽ 将小面团滚圆，松弛 20 分钟。

❾ 用擀面杖擀开排气，卷起，入发酵箱醒发 100 分钟，保持温度 35℃、湿度 70%。

❿ 取出扫上全蛋液（分量外），放上炒好的番茄蛋和乳酪丝。

⓫ 挤上番茄酱，放入烤箱烘烤 15 分钟，温度为上火 185℃、下火 165℃。

燕麦起酥面包

材料

面团：

高筋面粉 565 克，燕麦粉 185 克，酵母 10 克，改良剂 3 克，麦芽粉 3 克，吉士粉 5 克，砂糖 60 克，清水 400 毫升，盐 16 克，奶油 50 克

起酥皮：

高筋面粉 500 克，低筋面粉 500 克，盐 15 克，味精 3 克，奶油 50 克，全蛋液 75 克，清水 425 毫升，片状起酥油 750 克

其他配料：

全蛋液适量

制作指导

　　制作起酥皮时，要松弛足够长时间，否则起酥皮会不够松脆。

做法

❶ 将制作起酥皮的所有材料混合拌匀，做成起酥皮备用。

❷ 将高筋面粉、燕麦粉、酵母、改良剂、砂糖、麦芽粉倒在一起，拌匀。

❸ 加入吉士粉、清水慢速拌匀，转快速搅拌2分钟。

❹ 加入盐、奶油慢速拌匀，再转快速搅拌。

❺ 搅拌至面筋扩展。

❻ 盖上保鲜膜，松弛20分钟左右。

❼ 把松弛好的面团分成每个65克的小面团。

❽ 滚圆，盖上保鲜膜，松弛20分钟。

❾ 压扁排气，再次滚圆小面团。

❿ 排入烤盘，放入发酵箱，醒发90分钟，保持温度32℃、湿度80%。

⓫ 扫上全蛋液，用刀把起酥皮切成长条形状，每个面团上放三条。

⓬ 入烤箱烘烤15分钟左右，温度为上火200℃、下火170℃。

黑椒热狗丹麦面包

材料

高筋面粉 1700 克，低筋面粉 300 克，砂糖
265 克，全蛋液 250 克，纯牛奶 250 毫升，
冰水 650 毫升，酵母 16 克，改良剂 3.5 克，
盐 28 克，奶油 225 克，片状酥油 100 克，
黑椒热狗肠 200 克，乳酪片、沙拉酱各适量

做法

❶ 将高筋面粉、低筋面粉、砂糖、酵母、改
良剂倒在一起，慢速拌匀。

❷ 加全蛋液、纯牛奶、冰水拌匀，打 2 分钟。

❸ 加入奶油、盐慢速拌匀，搅打 2 分钟左右。

❹ 用手压扁，盖上保鲜膜，入冰箱冷藏 30 分
钟左右。

❺ 用擀面杖擀宽、擀长，放上片状酥油。

❻ 包起片状酥油，用擀面杖擀宽、擀长。

❼ 叠三层，入冰箱冷藏 30 分钟以上，重复
三次。

❽ 擀成 0.6 厘米厚、8 厘米宽、15 厘米长。

❾ 扫上全蛋液（分量外），两边向中间卷，成形，
放上黑椒热狗肠。

❿ 发酵 60 分钟，再扫一次全蛋液（分量外），
放上乳酪片。

⓫ 挤上沙拉酱，入烤箱烘烤 16 分钟，温度为
上火 185℃、下火 165℃。

制作指导

两边卷成形时，稍微压紧。

可颂面包

材料

高筋面粉 450 克,低筋面粉 50 克,砂糖 45 克,
酵母 8 克, 改良剂 2 克, 奶粉 50 克, 全蛋液
75 克, 冰水 250 毫升, 盐 8 克, 奶油 45 克,
片状酥油适量

做法

❶ 将高筋面粉、砂糖、低筋面粉、酵母、改良剂、
奶粉倒在一起，慢速拌匀。

❷ 加入全蛋液、冰水慢速拌匀，转快速搅拌 2
分钟左右。

❸ 加入奶油、盐慢速拌匀，转快速搅拌 2 ~ 3
分钟。

❹ 将面团用手压扁成长方形，然后入冰箱冷
藏 30 分钟以上。

❺ 用擀面杖擀宽、擀长，放上片状酥油。

❻ 包好，捏紧收口，然后用擀面杖擀宽、擀长。

❼ 叠三折，冷藏 30 分钟以上，重复三次。

❽ 切成 0.5 厘米厚、13 厘米宽的面皮。

❾ 用刀裁成三角形，拉长，从边向角的方向
卷成牛角形，放入烤盘。

❿ 扫上全蛋液(分量外)，入烤箱烘烤 15 分钟，
温度为上火 200℃、下火 165℃。

制作指导

　　搅拌面团时，要观察面团的起筋程度，拌
匀即可，切忌使面团起筋过度，否则会影响面
包的松软口感。

红豆辫子面包

材料
种面：
高筋面粉 1750 克,全蛋液 250 克,酵母 23 克,清水 830 毫升
主面：
砂糖 450 克,高筋面粉 750 克,奶香粉 10 克,蜂蜜 85 毫升,改良剂 8.5 克,盐 25 克,清水 285 毫升,奶粉 95 克,奶油 250 克

其他配料：
杏仁片 30 克,红豆馅适量

制作指导
　　包红豆馅的时候，注意不要包太多，口要收紧，否则烘烤过后馅料容易爆出。

做法

❶ 把高筋面粉、酵母倒在一起，拌匀。

❷ 加入全蛋液、清水后，慢速拌匀。

❸ 转快速打 1 ~ 2 分钟。

❹ 盖上保鲜膜，放置 2 小时，即成为种面。

❺ 将种面、砂糖、蜂蜜、清水快速搅拌至糖溶化。

❻ 加入高筋面粉、改良剂、奶粉、奶香粉拌匀。

❼ 加入奶油、盐慢速拌匀，转快速搅拌至可拉出薄膜状。

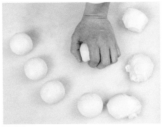

❽ 松弛 20 分钟，分成每个 70 克的小面团，滚圆。

❾ 再松弛 20 分钟后压扁排气。

❿ 包入红豆馅，用擀面杖压扁排气，在表面划几刀露出红豆馅，分成三个面团，做成辫子状，最后收口即可。

⓫ 放在长方形的纸模中，入发酵箱发酵 90 分钟，保持温度 37℃、湿度 80%。

⓬ 扫上全蛋液（分量外），撒上杏仁片，入烤箱以上火 185℃、下火 170℃烘烤 15 分钟左右。

肉松乳酪面包

材料

种面：

高筋面粉 1650 克，酵母 21 克，清水适量

主面：

砂糖 500 克，高筋面粉 850 克，盐 25 克，全蛋液 250 克，奶粉 100 克，奶油 265 克，清水适量，改良剂适量，蛋糕油适量

肉松馅：

肉松 150 克，白芝麻 30 克，奶油 50 克

其他配料：

乳酪条适量

做法

❶ 将种面中的所有材料混合，慢速拌匀。

❷ 发酵 2 小时，保持温度 31℃、湿度 80%。

❸ 将种面、砂糖、全蛋液和清水拌匀。

❹ 加入高筋面粉、奶粉和改良剂拌匀。

❺ 加入奶油、盐和蛋糕油搅拌至面筋扩展。

❻ 盖上保鲜膜，松弛 15 分钟，分为每个 70 克的小面团，滚圆后再松弛 15 分钟。

❼ 将所有肉松馅的材料倒在一起，拌匀。

❽ 将小面团用手压扁排气，包入肉松馅。

❾ 用刀划几刀，拉长，再卷成圆形，打结，放入圆形纸模中。

❿ 排入烤盘醒发，扫上全蛋液（分量外）。

⓫ 刨上乳酪条，温度为上火 195℃、下火 165℃，放入烤箱烤大约 15 分钟。

双色和香面包

材料

种面：

高筋面粉 1300 克, 全蛋液 200 克, 酵母 20 克, 清水适量

主面：

砂糖 200 克, 高筋面粉 700 克, 盐 30 克, 蜂蜜 30 毫升, 改良剂、奶油、奶粉、清水各适量

椰蓉馅：

砂糖 200 克, 全蛋液 75 克, 椰蓉 300 克, 奶油 225 克, 奶粉 75 克, 椰香粉 2 克

绿茶面糊：

糖粉 40 克, 全蛋液 40 克, 绿茶粉 7 克, 奶油 50 克, 低筋面粉 45 克

做法

❶ 将高筋面粉、酵母慢速搅拌, 加入全蛋液、清水快速打至五成筋度, 发酵 2 小时左右, 保持温度 31℃、湿度 75%, 即成种面。

❷ 将种面、砂糖、蜂蜜、清水拌匀, 加入高筋面粉、改良剂、奶粉拌匀, 加入盐、奶油快速搅拌至面筋扩展。

❸ 盖上保鲜膜, 松弛 20 分钟, 分成每个 65 克的小面团, 滚圆后再松弛 15 分钟。

❹ 把砂糖、奶油、大部分全蛋液、奶粉、椰蓉、椰香粉搅拌均匀, 即成椰蓉馅。

❺ 将绿茶面糊材料拌匀。面团抹上椰蓉馅, 放入烤盘中, 扫上全蛋液, 挤上绿茶面糊, 入烤箱以上火 190℃、下火 165℃烘烤 30 分钟。

黄金杏仁面包

材料

种面：

高筋面粉 500 克，酵母 8 克，清水 285 毫升

主面：

砂糖 150 克，高筋面粉 250 克，盐 7.5 克，全蛋液 85 克，奶粉 35 克，奶油 80 克，清水 50 毫升，改良剂 3 克，蛋糕油 5 克

黄金酱：

蛋黄 4 个，糖粉 60 克，盐 3 克，液态酥油 500 毫升，淡奶 30 毫升，炼奶 15 毫升

其他配料：

杏仁粒适量

做法

❶ 将所有种面材料倒在一起，拌匀,快速搅拌 1 ~ 2 分钟。

❷ 发酵 10 分钟，保持温度 33℃、湿度 75%。

❸ 将种面、砂糖、全蛋液和清水倒入，拌至糖溶化。

❹ 加入高筋面粉、奶粉和改良剂快速搅拌 3 分钟。

❺ 加入奶油、盐和蛋糕油慢速拌匀。

❻ 拌至面筋扩展，然后松弛 15 分钟。

❼ 将面团分割成每个 30 克的小面团,滚圆后松弛 15 分钟。

❽ 把松弛好的小面团滚圆至光滑，粘上杏仁粒。

❾ 排在烤盘上，入发酵箱中醒发 75 分钟。

❿ 醒发至原来面团体积的 2~3 倍即可。

⓫ 将蛋黄、糖粉、盐、液态酥油混合后打发，最后加入淡奶和炼奶拌匀，即成黄金酱。

⓬ 挤上黄金酱，入烤箱烘烤 12 分钟左右，温度为上火 185℃、下火 160℃。

奶油吉士条

材料

面团：

高筋面粉 100 克，酵母 13 克，改良剂 3 克，砂糖 200 克，奶粉 30 克，全蛋液 100 克，纯牛奶 575 毫升，盐 11 克，奶油 110 克

吉士馅：

清水 150 毫升，即溶吉士粉 47.5 克

其他配料：

全蛋液 50 克，鲜奶油适量

做法

❶ 将清水、即溶吉士粉拌匀成吉士馅备用。

❷ 将高筋面粉、酵母、改良剂、砂糖、奶粉拌匀，加入全蛋液、纯牛奶慢速拌匀，然后转快速搅拌 2 分钟；加入奶油与盐慢速拌匀，然后快速搅拌至面筋扩展。

❸ 盖上保鲜膜，发酵 20 分钟。

❹ 将面团分割成每个 75 克的小面团，滚圆，覆保鲜膜松弛 20 分钟；排气后卷成长条，排入烤盘，进发酵箱中醒发 75 分钟，保持温度 36℃、湿度 80%。

❺ 扫上全蛋液，挤上吉士馅，放进烤箱烘烤约 15 分钟，温度为上火 190℃、下火 160℃。

❻ 烤好的面包取出放凉以后，用锯刀从侧面锯开，挤入鲜奶油即成。

制作指导

一定要待面包完全凉透后再切开。

香菇鸡面包

材料

面团：

高筋面粉 500 克，砂糖 45 克，全蛋液 50 克，
奶油 50 克，酵母 5 克，奶粉 18 克，改良剂 5 克，
盐 10 克，清水适量

香菇鸡馅：

香菇丁 100 克，盐 1.5 克，鸡精 3 克，玉米
淀粉 7.5 克，鸡肉蓉 175 克，酱油 20 毫升

沙拉酱：

砂糖 50 克，味精 1 克，色拉油 450 毫升，淡
奶 18 毫升，盐 2 克，全蛋液、白醋各适量

做法

❶ 将香菇鸡馅所有材料炒熟备用；将砂糖、盐、
味精、全蛋液搅匀，加入色拉油打发，加
入白醋、淡奶拌匀成沙拉酱。

❷ 将高筋面粉、酵母、改良剂、奶粉、砂糖、
全蛋液、清水搅至面团光滑，加奶油、盐，
拌至面团扩展、光滑。

❸ 盖上保鲜膜，松弛 15 分钟，然后将面团分
成每个 70 克的小面团，滚圆后松弛 20 分钟。

❹ 放入圆形纸模内，香菇鸡馅放在面团中间，
卷成形，排入烤盘，醒发 80 分钟，保持温
度 35℃、湿度 75%。

❺ 发至模具九分满，在面团顶部划三刀，扫
上全蛋液（分量外），挤上沙拉酱后入烤箱
烘烤，温度为上火 175℃、下火 190℃。

瓜子仁面包

材料

种面：

高筋面粉 600 克，酵母 10 克，清水 350 毫升

主面：

高筋面粉 300 克，清水 200 毫升，奶油 10 克，低筋面粉 100 克，改良剂 2 克，砂糖 15 克，盐 20 克

其他配料：

瓜子仁适量

制作指导

粘瓜子仁的时候一定要先喷点儿水，不然瓜子仁粘不牢固，喜欢吃甜的话也可以用蜂蜜代替水。

做法

❶ 将高筋面粉、酵母、清水快速打 2 ~ 3 分钟。

❷ 盖上保鲜膜，发酵 2 小时，保持温度 36℃、湿度 71%。

❸ 发至原来面团的 3.5 倍大，即成种面。

❹ 将种面、砂糖、适量清水快速打 2 ~ 3 分钟。

❺ 加高筋面粉、低筋面粉、改良剂，快速搅拌。

❻ 打至七成筋度，加入盐、奶油，拌至面团光滑。

❼ 发酵 40 分钟，保持温度 35℃、湿度 72%。

❽ 将发酵好的面团分割为每个 120 克的小面团，滚圆。

❾ 松弛 20 分钟，压扁排气，卷成橄榄形。

❿ 中间划一刀，扫上清水（分量外），粘上瓜子仁。

⓫ 放在烤盘上松弛 15 分钟。

⓬ 在松弛后的面团表面喷水，入烤箱烘烤 15 分钟左右，温度为上火 215℃、下火 180℃。

香芹培根面包

材料

面团：

甜老面 320 克，酵母 18 克，砂糖 100 克，奶油 175 克，高筋面粉 1550 克，改良剂 7.5 克，清水 750 毫升，香芹丁 285 克，低筋面粉 250 克，全蛋液 185 克，盐 36 克，培根丝 125 克

馅料：

砂糖 50 克，盐 2 克，味精 1 克，全蛋液 50 克，色拉油 450 毫升，白醋 12 毫升，淡奶 18 毫升

其他配料：

黑胡椒粉 10 克，培根丝 100 克，沙拉酱适量

做法

❶ 将馅料中的砂糖、全蛋液、盐和味精倒在一起，拌至糖溶化，慢慢加入色拉油打发。

❷ 加入白醋拌匀，最后加入淡奶成馅料。

❸ 加入砂糖、全蛋液、清水、甜老面拌匀。

❹ 加入高筋面粉、低筋面粉、酵母和改良剂搅拌。

❺ 加入奶油、盐拌至面筋完全扩展。

❻ 将香芹丁、培根丝炒好，倒入面筋中拌匀。

❼ 盖上保鲜膜，松弛 20 分钟后分成每个 70 克的小面团，滚圆后发酵 20 分钟，保持温度 30℃、湿度 70%。

❽ 压扁排气，卷起成形，醒发 60 分钟。

❾ 用刀在中间划一刀，扫上全蛋液（分量外）后放入培根丝，挤上沙拉酱，撒上黑胡椒粉。

❿ 入烤箱烘烤 15 分钟左右，温度为上火 190℃、下火 160℃。

南瓜面包

材料

种面：

高筋面粉 500 克，酵母 8 克，全蛋液 50 克，清水 250 毫升

主面：

砂糖 165 克，熟南瓜 225 克，酵母 3 克，改良剂 4 克，高筋面粉 350 克，奶粉 15 克，盐 8 克，奶油 85 克

其他配料：

起酥皮适量，全蛋液 50 克

做法

❶ 将高筋面粉、酵母、全蛋液、清水倒在一起，拌匀。

❷ 快速搅拌 2 ~ 3 分钟，发酵 2.5 小时成种面。

❸ 加砂糖、熟南瓜搅拌至糖溶化。

❹ 加入高筋面粉、奶粉、酵母、改良剂搅拌至五六成筋度；加入盐、奶油拌匀。

❺ 打至可拉出薄膜状，松弛 25 分钟。

❻ 覆保鲜膜松弛后分成每个 65 克的小面团，滚圆后松弛 20 分钟。

❼ 再滚圆至光滑，压扁，放入圆形纸模中。

❽ 醒发 90 分钟，再扫上全蛋液；把起酥皮切成薄片，放在面团上。

❾ 放入烤箱，温度为上火 185℃、下火 165℃，烘烤 13 分钟即可。

制作指导

起酥皮不要太厚，以免烤不熟。

火腿乳酪丹麦面包

材料

高筋面粉 170 克，低筋面粉 200 克，砂糖 185 克，酵母 20 克，改良剂 5 克，蛋黄 65 克，鲜奶 170 毫升，番茄汁 745 毫升，盐 31 克，奶油 125 克，火腿丝 100 克，乳酪 75 克，片状酥油适量，沙拉酱适量，全蛋液 50 克

做法

❶ 将高筋面粉、低筋面粉、砂糖、酵母、改良剂倒在一起，慢速拌匀。

❷ 加入蛋黄、鲜奶、番茄汁快速搅拌 2 分钟。

❸ 加入盐、奶油慢速拌至面团光滑。

❹ 将面团压扁成长方形，然后放入冰箱冷冻 30 分钟以上。

❺ 用擀面杖擀宽，放上片状酥油，包起。

❻ 用擀面杖擀宽、擀长；叠三下，放入冰箱冷藏 30 分钟。

❼ 擀成 0.6 厘米厚、2 厘米宽。

❽ 用刀分成长条，交叉打结扭成圆形，放入圆形纸模中。

❾ 醒发后扫上全蛋液，放上火腿丝、乳酪。

❿ 挤上沙拉酱，放入烤箱烘烤 15 分钟左右，温度为上火 185℃、下火 165℃。

制作指导

松弛好的面团和酥油的软硬度要尽量一致。

PART 3

高级入门篇

经过了一次又一次的烘烤训练后，相信现在的你在制作面包的能力上已经有很大的提升了吧，但是你想吃到更多风味各异的面包吗？本部分为你挑选的这些面包在制作难度上又提升了一点点，只要你肯下苦功，随时可能成为"面包大王"哦！

全麦核桃面包

材料

高筋面粉 1500 克, 全麦粉 500 克, 酵母 25 克, 改良剂 65 克, 乙基麦芽粉 10 克, 清水 1300 毫升, 盐 44 克, 核桃仁适量

制作指导

烘烤是面包制作过程中比较关键的一步, 注意入烤箱烘烤时, 按蒸汽开关 2 ~ 8 秒。

做法

❶ 将高筋面粉、全麦粉、酵母、改良剂、乙基麦芽粉倒在一起, 拌匀。

❷ 加入清水慢速拌匀, 转快速拌 2 分钟。

❸ 加入盐慢速拌匀, 转快速拌至面团表面光滑。

❹ 将松弛好的面团分割成每个 120 克的小面团。

❺ 把小面团滚圆, 覆保鲜膜再松弛 20 分钟备用。

❻ 在松弛好的小面团表面粘上核桃仁, 滚圆, 将核桃收到面团里面。

❼ 用擀面杖在面团中间戳个洞, 放入发酵箱发酵 90 分钟, 保持温度 35℃、湿度 72%。

❽ 在发酵好的面团表面划几刀, 入烤箱烘烤约 25 分钟, 温度为上火 250℃、下火 180℃。

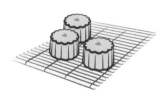

香橙吐司

材料

高筋面粉 1000 克，砂糖 200 克，清水 500 毫升，橙皮 3 个，酵母 12 克，全蛋液 150 克，盐 11 克，改良剂 5 克，奶油 150 克

做法

❶ 将高筋面粉、酵母、改良剂、砂糖倒在一起，拌匀；加入全蛋液和清水快速搅拌 2 ～ 3 分钟。

❷ 快速打至面团有些光滑，加入盐、奶油慢速拌匀，转快速打至光滑，最后加橙皮慢速拌匀即可。

❸ 盖上保鲜膜发酵约 20 分钟，保持温度 30℃、湿度 75%。

❹ 将发酵好的面团分割成每个 100 克的小面团。

❺ 把面团滚圆，松弛 20 分钟，用擀面杖压扁排气，卷成长条形，每三个一起并排放入长方形模具中。

❻ 排入烤盘，入发酵箱中醒发 90 分钟。

❼ 发至八分满，扫上全蛋液（分量外），入烤箱烤 25 分钟，温度为上火160℃、下火 220℃。

制作指导

由于面包烤制时会不断地膨胀，所以一定要注意面团应卷成形，放入模具时长度要比模具短。这样可防止面包烤熟时爆出模具。

炸香菇鸡面包

材料

种面：

高筋面粉 750 克，酵母 10 克，全蛋液 100 克，清水 350 毫升

主面：

砂糖、奶油各 90 克，高筋面粉 250 克，盐 20 克，蜂蜜 20 毫升，奶粉 40 克，清水 100 毫升，改良剂 3 克

香菇鸡馅：

香菇丁 100 克，酱油 15 毫升，鸡肉丁 175 克，砂糖 10 克，玉米粉 7.5 克，盐 2 克，鸡精 3 克

其他配料：

面包糠适量

做法

❶ 将高筋面粉、酵母、全蛋液、清水一起搅拌 2 分钟，盖上保鲜膜，发酵 2 ~ 3 小时，保持温度 32℃、湿度 80%，即成种面。

❷ 把种面、砂糖、清水、蜂蜜拌至糊状，加入高筋面粉、奶粉、改良剂拌匀。

❸ 拌至面团七八成筋度后加入奶油、盐慢速拌匀，转快速搅拌至面筋扩展；盖上保鲜膜松弛 15 分钟，保持温度 33℃、湿度 80%。

❹ 分割成每个 60 克的小面团，滚圆；将面团摆上烤盘，松弛 15 分钟，压扁。

❺ 把香菇鸡馅材料混合炒熟成馅，包入面团中，粘上面包糠；发酵后入油锅炸至金黄色即成。

卡士达面包

材料

高筋面粉 500 克，改良剂 2 克，全蛋液 50 克，奶油 60 克，低筋面粉 50 克，砂糖 105 克，酸奶 300 毫升，酵母 6 克，奶粉 15 克，盐 6 克，牛奶 150 毫升，即溶吉士粉 50 克，糖粉适量

制作指导

　　烘烤的温度会直接影响面包的外观和口感，烤制的过程中要注意观察面包的颜色，防止因烤的时间太长而出现焦煳。

做法

❶ 将高筋面粉、低筋面粉、酵母、改良剂、砂糖倒在一起，拌匀。

❷ 加入奶粉、全蛋液和酸奶拌匀，转快速搅拌 2 分钟。

❸ 加入奶油、盐慢速拌匀，转快速搅拌至面团扩展。

❹ 盖上保鲜膜发酵 25 分钟，保持温度 30℃、湿度 80%。

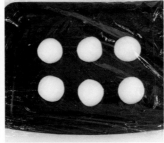

❺ 分成每个 60 克的小面团，滚圆，松弛 20 分钟。

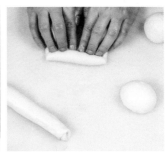

❻ 将松弛好的小面团用擀面杖擀开排气，卷成长条形。

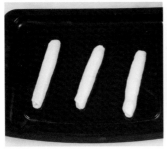

❼ 排入烤盘，放入发酵箱中醒发 85 分钟，保持温度 36℃、湿度 75%。

❽ 放入烤箱烘烤 15 分钟，温度为上火 190 ℃、下火 160℃。

❾ 等面包凉透后切开，把牛奶、即溶吉士粉拌成卡士达馅，挤在面包上，筛上糖粉即成。

蔓越莓吐司

材料

种面：

高筋面粉 700 克, 酵母 12 克, 全蛋液 100 克, 清水 350 毫升

主面：

砂糖 190 克, 炼奶 100 毫升, 清水 55 毫升, 高筋面粉 300 克, 奶粉 30 克, 盐 10 克, 改良剂 3 克, 奶油 110 克, 蔓越莓丁 165 克

做法

❶ 将高筋面粉、酵母、全蛋液、清水倒在一起, 拌匀, 发酵 2 个小时, 保持温度 30℃、湿度 72%, 即成种面。

❷ 将种面、砂糖、炼奶、清水快速搅拌至糊状。

❸ 将高筋面粉、奶粉、改良剂加入, 慢速拌匀, 转快速拌至面团七八成筋度; 加盐、奶油慢速拌匀, 快速拌至面团光滑。

❹ 放入蔓越莓丁慢速拌匀, 松弛 20 分钟。把松弛好的面团分割成每个 250 克的小面团。

❺ 将小面团滚圆后松弛 20 分钟, 压扁, 卷成长条形, 放入长方形模具中, 然后放入发酵箱里醒发 110 分钟。

❻ 入烤箱烘烤约 50 分钟, 温度为上火 180℃、下火 180℃, 取出后扫上全蛋液（分量外）。

制作指导

将面团卷成形放入模具时, 长度要比模具短。这样面包烤熟时才不会爆出模具。

维也纳苹果面包

材料

苹果馅：

苹果丁 300 克，奶油 25 克，清水 45 毫升，
砂糖 35 克，玉米淀粉 20 克

面团：

高筋面粉 2000 克，砂糖 385 克，淡奶 100
毫升，鲜奶油 50 克，酵母 23 克，蜂蜜 50 毫升，
奶香粉 12 克，盐 20 克，改良剂 7 克，全蛋
液 200 克，清水 1000 毫升，奶油 210 克

其他配料：

杏仁片适量，糖粉适量

做法

❶ 把苹果丁、砂糖、奶油倒入面盘中煮开，
加玉米淀粉和清水煮至糊状即成苹果馅。

❷ 将高筋面粉、酵母、改良剂、奶香粉和砂糖、
全蛋液、淡奶、蜂蜜和清水倒在一起，拌匀。

❸ 加入鲜奶油、盐和奶油拌至面筋扩展，盖
上保鲜膜，发酵 25 分钟，保持温度 30℃、
湿度 80%。

❹ 将松弛好的面团切成每个 100 克的小面团，
滚圆后松弛 20 分钟，用擀面杖擀开排气。

❺ 放上苹果馅，揉成圆形，将球形模具放在
面团中间，再将面团放入扁圆形纸模中，
入发酵箱醒发 80 分钟，保持温度 37℃、
湿度 78%。

❻ 将醒发好的面团扫上全蛋液（分量外），撒
上杏仁片，入烤箱烘烤 16 分钟，温度为上
火 180℃、下火 190℃，取出筛上糖粉即可。

法式大蒜面包

材料

高筋面粉 1350 克,甜老面 450 克,改良剂 4.5 克, 盐 43 克, 低筋面粉 250 克, 酵母 23 克, 清水 1250 毫升, 奶油 100 克, 蒜蓉 35 克

制作指导

　　注意烘烤面包的时候要控制好温度,稍微上色后,可在面包烤制中途调低上火,这样烤出的面包色泽更加漂亮。

做法

❶ 将高筋面粉、低筋面粉、甜老面、酵母、改良剂、清水倒在一起,混合拌匀。

❷ 加入 41 克盐慢速拌 1 分钟,转快速搅拌至面筋扩展。

❸ 发酵 30 分钟, 保持温度 28℃、湿度 75%。

❹ 把面团分成每个 130 克的小面团,压扁排气。

❺ 卷起后再松弛 25 分钟。

❻ 把松弛好的小面团压扁排气,卷成橄榄形。

❼ 排入烤盘后进发酵箱,醒发 90 分钟,保持温度 35℃、湿度 75%。

❽ 将奶油、蒜蓉和剩余 2 克盐拌匀,即成蒜蓉馅。

❾ 在面团中间划一刀,挤上蒜蓉馅,喷水入烤箱烘烤 25 分钟,温度为上火 235℃、下火 180℃。

蝴蝶丹麦面包

材料

高筋面粉 1250 克，低筋面粉 450 克，砂糖 200 克，全蛋液 250 克，纯牛奶 210 毫升，冰水 455 毫升，酵母 18 克，改良剂 5 克，盐 22 克，奶油 175 克，片状酥油适量

做法

1. 将高筋面粉、低筋面粉、砂糖、酵母、改良剂慢速拌匀，加入 200 克全蛋液、纯牛奶、冰水拌匀。

2. 加入盐、奶油慢速拌匀后，转快速打 2 分钟，用手压扁成长方形，用保鲜膜包好，放入冰箱中冷冻 30 分钟后用擀面杖擀宽、擀长。

3. 放上片状酥油，捏紧收口，用擀面杖擀宽、擀长，叠三下，入冰箱中冷藏 30 分钟以上。如此重复三次，擀开成 0.6 厘米厚，扫上剩余全蛋液，从一边卷到另一边，成卷，入冰箱冷冻至硬。

4. 切成等份，粘上砂糖（分量外），将两个面团一起放入圆形纸筒模中。

5. 醒发 60 分钟，入烤箱烘烤 15 分钟，温度为上火 185℃、下火 165℃。

制作指导

切开后要立即粘上糖，否则风干之后很难粘上，如果无法粘上可以先刷上少许蜂蜜，注意不要刷太多，薄薄一层即可。

洋葱培根面包

材料

面团：

高筋面粉 500 克，改良剂 3 克，清水 300 毫升，干洋葱 50 克，低筋面粉 50 克，砂糖 45 克，盐 12 克，炸洋葱 15 克，酵母 6 克，全蛋液 50 克，奶油 60 克

沙拉酱：

砂糖 50 克，全蛋液 50 克，盐、味精各 2 克，色拉油 500 毫升，白醋、淡奶各 20 毫升

其他配料：

培根肉、沙拉酱各适量

做法

❶ 将砂糖、全蛋液、盐、味精中速拌匀，再加入色拉油、白醋、淡奶拌匀即成沙拉酱。

❷ 将高筋面粉、低筋面粉、酵母、改良剂、砂糖、全蛋液、清水拌至面筋扩展，加入奶油、盐搅拌至面团完全扩展，加入干洋葱、部分炸洋葱拌匀，松弛 30 分钟。

❸ 将发酵好的面团分成每个 65 克的小面团，滚圆，盖上保鲜膜，再次松弛 20 分钟，压扁排气。

❹ 放上培根肉，卷成形，排入烤盘，放入发酵箱醒发 30 分钟，保持温度 35℃、湿度 75%。

❺ 醒发后划几刀，扫上全蛋液（分量外），撒上炸洋葱丝，挤上沙拉酱，入烤箱烘烤 15 分钟，温度为上火 185℃、下火 175℃。

牛油排面包

材料

砂糖 220 克，全蛋液 75 克，蛋黄 50 克，清水 550 毫升，高筋面粉 900 克，低筋面粉 100 克，酵母 15 克，改良剂 35 克，奶粉 40 克，奶香粉 4 克，盐 11 克，牛油 135 克

制作指导

　　牛油面包的颜色为金黄效果最好，所以注意烤制的颜色不要太深，可以随时观察面包，注意调节温度。

做法

❶ 将高筋面粉、低筋面粉、酵母、改良剂、奶香粉倒在一起，拌匀。

❷ 加蛋黄、砂糖、全蛋液、奶粉、清水拌至起筋。

❸ 加入牛油、盐慢速拌匀，转快速搅拌至可拉出薄膜状。

❹ 覆保鲜膜发酵 20 分钟，保持温度 30℃、湿度 70%。

❺ 把面团分成每个 40 克的小面团，滚圆。

❻ 再发酵大约 15 分钟，保持温度 30℃、湿度 70%~ 80%。

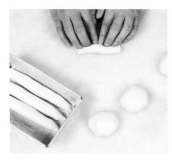

❼ 用擀面杖压扁排气，卷成形，放入长方形模具内。

❽ 醒发 90 分钟，保持温度 38℃、湿度 75%。

❾ 入烤箱烘烤约 18 分钟，上火 180℃、下火 200℃，取出后扫上全蛋液（分量外）。

番茄牛角面包

材料

高筋面粉 850 克，低筋面粉 100 克，砂糖 100 克，酵母 13 克，改良剂 3.5 克，蛋黄 35 克，鲜奶 85 毫升，番茄汁 365 毫升，盐 16 克，奶油 65 克，片状酥油 250 克，全蛋液适量

做法

❶ 将高筋面粉、低筋面粉、砂糖、酵母、改良剂倒在一起，拌匀。

❷ 加入蛋黄、鲜奶和番茄汁慢速拌匀，转快速搅拌 3 分钟，加入盐和奶油慢速拌匀，快速搅拌至面团光滑即可。

❸ 用手压成长方形，再用保鲜膜包好，放入冰箱中冷冻 40 分钟取出，擀开；放上片状酥油，包好，擀开呈长方形，叠三折，入冰箱中冷藏，如此操作三次即可。

❹ 擀约 12 厘米，斜角切开，中间划开，呈等腰三角形，稍微拉长面团，卷起成形，排好入发酵箱醒发 60 分钟。

❺ 在醒发好的面团表面扫上全蛋液，入烤箱烘烤 16 分钟，温度为上火 195℃、下火 160℃。

制作指导

由于面团拉长时会很薄，所以注意卷成形时要卷松一点。这样烤熟后的面包会完全地膨松起来，味道和造型会更好。

全麦乳酪面包

材料

高筋面粉 1300 克，改良剂 5 克，乙基麦芽粉 5.5 克，清水 825 毫升，全麦粉 370 克，即溶吉士粉 65 克，砂糖 55 克，盐 33 克，酵母 19 克，奶油 100 克，乳酪片 40 克，杏仁片 18 克

做法

❶ 把高筋面粉、全麦粉、酵母、改良剂、砂糖、即溶吉士粉、乙基麦芽粉、清水倒在一起，快速拌至七八成筋度，加奶油、盐拌匀，待面筋扩展后松弛 20 分钟。

❷ 将面团分成每个 85 克的小面团，滚圆至光滑，覆保鲜膜发酵 20 分钟，保持温度

30℃、湿度 75%。

❸ 将松弛好的小面团用手掌压扁排气，放上乳酪片，卷成橄榄形醒发 90 分钟。

❹ 将醒发好的面团用刀在表面划三刀，扫上全蛋液（材料外），撒上杏仁片。

❺ 入烤箱烘烤 15 分钟左右，温度为上火 180℃、下火 160℃。

制作指导

注意在划刀时不要划得太深，划见乳酪即可，不然面包烤熟时会整个裂开，影响面包的整体美观度，还会口感不佳。

牛油小布利

材料

高筋面粉 450 克，低筋面粉 50 克，酵母 6 克，改良剂 2 克，奶粉 25 克，奶香粉 2.5 克，砂糖 115 克，全蛋液 50 克，蛋黄 25 克，水 245 毫升，盐 6 克，黄牛油 65 克，白芝麻适量

制作指导

给面包做整形时，注意不要卷得太紧，否则烤制时面团无法完全地膨松开来，不仅影响外观还会影响面包的口感。

做法

❶ 将高筋面粉、低筋面粉、酵母、改良剂、奶香粉倒在一起，拌匀。

❷ 加全蛋液、奶粉、砂糖、蛋黄、水拌匀，搅拌 3 分钟。

❸ 加黄牛油与盐，搅拌至可拉出均匀薄膜状即可。

❹ 覆保鲜膜松弛 23 分钟，分割成每个 40 克的小面团。

❺ 滚圆，盖上保鲜膜松弛 15 分钟。

❻ 将面团搓成长条形，擀开排气，拉长后卷成梭子形。

❼ 排入烤盘，进发酵箱，最后醒发 65 分钟，保持温度 36℃、湿度 85%。

❽ 扫上全蛋液（分量外）和黄牛油（分量外），再撒上白芝麻。

❾ 放进烤箱烘烤约 10 分钟，温度为上火 190℃、下火 160℃。

酸乳酪面包

材料

面团:

高筋面粉 950 克，改良剂 3.5 克，全蛋液 100 克，奶油 115 克，低筋面粉 150 克，砂糖 200 克，酸奶 625 毫升，酵母 12 克，奶粉 40 克，盐 12 克

乳酪克林姆馅:

全蛋液 25 克，砂糖 75 克，鲜奶 300 毫升，玉米淀粉 20 克，奶粉 20 克，奶油 20 克，奶油干酪 100 克

做法

❶ 将鲜奶、全蛋液、砂糖、玉米淀粉、奶粉倒在一起，煮到凝固，加奶油和奶油干酪拌成乳酪克林姆馅。

❷ 将高筋面粉、低筋面粉、酵母、改良剂、砂糖和奶粉、全蛋液、酸奶、奶油、盐倒在一起，打至可拉出薄膜状，覆保鲜膜发酵 20 分钟。

❸ 将面团分成每个 65 克的小面团，滚圆，排入烤盘，入发酵箱发酵 20 分钟。

❹ 将发酵好的面团再次滚圆搓紧，放入杯形模具中，入发酵箱发酵 90 分钟，保持温度 38℃、湿度 78%，醒发至模具九分满，在表面浅划几刀。

❺ 放入烤箱烘烤 13 分钟，上火 185℃、下火 200℃，从中间划开，挤上乳酪克林姆馅，表面筛上糖粉（材料外）即可。

制作指导

要待面包完全凉透后再切，不然容易变形。

茄司面包

材料

高筋面粉750克,奶粉15克,番茄汁400毫升,酵母10克,砂糖145克,盐8克,改良剂4克,蛋黄50克,奶油80克,全蛋液150克,番茄片适量,番茄酱适量

做法

❶ 把高筋面粉、酵母、改良剂、砂糖、奶粉拌匀,加入蛋黄、番茄汁拌至七八成筋度,加入奶油、盐慢速拌匀,转快速拌至面团光滑,直至可以扩展成薄膜状。

❷ 盖上保鲜膜,保持温度30℃、湿度80%,发酵20分钟;把面团分成每个70克的小面团,滚圆面团,覆保鲜膜松弛15分钟,压扁排气,卷成长条形,放入长方形纸盒模具里醒发90分钟。

❸ 扫上全蛋液,在中间划一刀,放上番茄片,挤上番茄酱。

❹ 入烤箱烘烤15分钟左右,温度为上火190℃、下火165℃。

制作指导

注意放番茄片时,要待蛋液完全干了才可以。中间的划刀也要注意控制好力度,不要划得太深。

胡萝卜吐司

材料

高筋面粉 750 克，酵母 10 克，改良剂 3 克，砂糖 140 克，奶粉 30 克，全蛋液 100 克，胡萝卜泥 400 毫升，盐 8 克，奶油 85 克

制作指导

入烤箱时注意在面团上喷少许的水，这样烤制出来的面包色泽会更加漂亮，口感也会更加的松软可口。

做法

❶ 把高筋面粉、酵母、改良剂、砂糖和奶粉拌匀。

❷ 加入胡萝卜泥和全蛋液慢速拌匀，转快速拌 2 分钟。

❸ 加入奶油和盐慢速拌匀，再快速搅拌至可拉出薄膜状即可。

❹ 覆保鲜膜发酵 25 分钟，保持温度 30℃、湿度 78%。

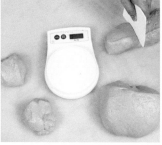

❺ 把发酵好的面团分割成每个 150 克的小面团。

❻ 把面团滚圆，松弛 20 分钟。

❼ 将松弛好的面团用擀面杖擀开排气，卷成形放入模具。

❽ 放入发酵箱醒发 95 分钟，保持温度 36℃、湿度 85%。

❾ 入烤箱以上火 165℃、下火 185℃烘烤，取出后立刻扫上全蛋液（分量外）。

乳酪火腿面包

材料

种面：

高筋面粉 700 克，酵母 10 克，清水 360 毫升

主面：

砂糖 185 克，高筋面粉 300 克，盐 10 克，全蛋液 110 克，奶香粉 5 克，鲜奶油 30 克，清水 500 毫升，改良剂 3 克，奶油 100 克

其他配料：

乳酪条适量，火腿适量

做法

❶ 把高筋面粉、酵母、清水倒在一起，慢速拌匀，再快速拌 2 分钟，发酵 2 小时成种面。

❷ 将种面、砂糖、全蛋液、清水倒在一起，快速拌 2 ~ 3 分钟，加入高筋面粉、奶香粉、改良剂慢速拌匀，转快速打至五六成筋度。

❸ 加入奶油、鲜奶油、盐慢速拌匀后转快速搅拌至面筋扩展，发酵 20 分钟。

❹ 分成每个 50 克的小面团，滚圆，松弛 20 分钟，压扁排气，放入火腿，卷成形。

❺ 在小面团上剪一刀，放入正方形模具中，入发酵箱发酵 90 分钟，保持温度 38℃、湿度 78%。

❻ 发至模具九分满时，扫上全蛋液（分量外），放上乳酪条，入烤箱烘烤约 15 分钟，温度为上火 185℃、下火 170℃。

制作指导

乳酪条不要放太多，不然面包会下塌。

草莓夹心面包

材料

面团：

高筋面粉 1250 克，改良剂 3 克，全蛋液 120 克，奶油 250 克，砂糖 240 克，清水 650 毫升，酵母、盐、奶粉各 15 克，奶香粉 5 克

菠萝皮：

奶油 300 克，奶香粉 3 克，糖粉 250 克，低筋面粉适量，全蛋液 100 克

其他配料：

草莓馅适量，椰蓉适量

做法

① 将高筋面粉、酵母、改良剂、奶粉、奶香粉、砂糖、全蛋液、清水倒在一起，快速搅拌 1 分钟，加入奶油、盐快速搅拌至能拉成薄膜状。

② 发酵 20 分钟，保持温度 33℃、湿度 75%。

③ 把面团分成每个 65 克的小面团，滚圆后松弛 20 分钟。

④ 将菠萝皮中的所有材料混合拌匀，揉成菠萝皮，再分成小段。

⑤ 压扁排气，将菠萝皮放在面团表面。

⑥ 排入烤盘，常温下醒发 15 分钟，入烤箱烘烤 15 分钟左右，温度为上火 185℃、下火 160℃。

⑦ 烤好后取出，待凉以后从中间切开，挤上草莓馅，撒上椰蓉即成。

奶油香酥面包

材料

主面：

高筋面粉1250克，奶香粉8克，鲜奶650毫升，酵母13克，砂糖265克，盐12.5克，改良剂5克，全蛋液150克，奶油130克

香酥粒：

奶油95克，砂糖65克，高筋面粉50克，低筋面粉115克

其他配料：

鲜奶油适量，糖粉适量

做法

❶ 将奶油、砂糖、高筋面粉、低筋面粉倒在一起，拌匀，用手搓成香酥粒。

❷ 将高筋面粉、酵母、改良剂、砂糖、奶粉、全蛋液、鲜奶快速搅拌2～3分钟。

❸ 加入奶油、盐慢速拌匀，转快速拌至面筋扩展。

❹ 盖上保鲜膜，发酵20分钟，保持温度33℃、湿度72%。

❺ 把面团均匀地分成小面团，再滚圆，松弛20分钟。

❻ 把松弛好的面团蘸水，粘上香酥粒，放入模具中，入发酵箱醒发75分钟，保持温度36℃、湿度82%。

❼ 入烤箱烘烤13分钟，温度为上火185℃、下火165℃，烤好取出，对半切开，挤上鲜奶油，筛上糖粉即可。

制作指导

待面包完全凉透后才可以切开。

奶油椰子面包

材料

椰子馅：

砂糖 250 克，奶油 250 克，全蛋液 85 克，奶粉 85 克，低筋面粉 50 克，椰蓉 400 克

面团：

高筋面粉 500 克，酵母 5 克，全蛋液 50 克，盐 5 克，砂糖 95 克，改良剂 2 克，清水 255 毫升，淡奶 25 毫升，蜂蜜 20 毫升，奶香粉 2.5 克，鲜奶油 10 克，奶油 60 克，瓜子仁适量

做法

❶ 将砂糖、奶油混合搅拌均匀，加入全蛋液充分拌匀，加入低筋面粉、奶粉、椰蓉拌匀，即成椰子馅。

❷ 将高筋面粉、酵母、改良剂、砂糖和奶香粉放入搅拌桶中慢速拌匀，加入全蛋液、清水、蜂蜜、淡奶拌匀，加入奶油、盐、鲜奶油慢速拌匀，转快速拌至可拉出薄膜状即可。

❸ 覆保鲜膜松弛后将面团分成每个 65 克的小面团，滚圆，常温下再松弛 20 分钟。

❹ 擀扁排气，放上椰子馅，卷成长条形，发酵 90 分钟。

❺ 用刀在面团表面划三刀，扫上全蛋液（分量外），挤上奶油，撒上瓜子仁，入烤箱烘烤 15 分钟左右至熟，温度为上火 185℃、下火 165℃。

乳酪苹果面包

材料

高筋面粉 750 克，低筋面粉 100 克，酵母 10 克，改良剂 4 克，砂糖 150 克，全蛋液 75 克，蜂蜜 30 毫升，清水 400 毫升，盐 8 克，奶油 90 克，苹果丁 300 克，瓜子仁 100 克，乳酪、糖粉各适量

制作指导

整形时要把面团滚圆至紧和光滑，这样烤熟后的面包才更加美观，口感也更加好。

做法

❶ 将高筋面粉、低筋面粉、酵母、改良剂倒在一起，慢速拌匀。

❷ 加全蛋液、砂糖、蜂蜜和清水拌匀，搅拌 2 分钟。

❸ 加入奶油与盐慢速拌匀后，快速搅拌至面筋完全扩展。

❹ 加入苹果丁慢速拌匀，盖上保鲜膜松弛 20 分钟。

❺ 分割成每个 65 克的小面团，覆保鲜膜再松弛 20 分钟。

❻ 将小面团放入圆形纸模中，入发酵箱，醒发 75 分钟。

❼ 扫上全蛋液（分量外），撒上瓜子仁。

❽ 入烤箱烘烤约 15 分钟，温度为上火 185℃、下火 165℃。

❾ 待面包放凉后，在中间切开，挤上乳酪，筛上糖粉。

法式芝麻棒

材料

种面：

高筋面粉 850 克，酵母 15 克，清水 450 毫升

主面：

砂糖 35 克，高筋面粉 200 克，低筋面粉 200 克，奶油 30 克，清水 165 毫升，改良剂 3 克，盐 26 克

其他配料：

黑芝麻、白芝麻、黄牛油各适量

做法

① 将高筋面粉、酵母、清水倒在一起，拌匀，快速搅拌 2 ~ 3 分钟，盖上保鲜膜，放置 150 分钟成种面。

② 将种面、砂糖、清水快速搅拌至糖溶化，加入高筋面粉、低筋面粉、改良剂拌匀后转快速打至面团六七成筋度。

③ 加入奶油、盐，慢速拌匀，再转快速打至面团光滑。

④ 盖上保鲜膜，发酵 30 分钟，保持温度 30℃、湿度 70%。

⑤ 将发酵好的面团分成每个 120 克的小面团，滚圆，松弛 20 分钟，擀开排气，卷成形，搓成长条。

⑥ 粘上黑芝麻、白芝麻，排上烤盘，入发酵箱发酵 90 分钟，保持温度 36℃、湿度 78%。

⑦ 在面团上划上几刀，挤上黄牛油，喷少许水，入烤箱烘烤 30 分钟左右，温度为上火 220℃、下火 165℃。

麻糖花面包

材料

种面：

高筋面粉 1750 克,全蛋液 200 克,酵母 22 克,清水 900 毫升

主面：

砂糖 200 克, 高筋面粉 750 克, 盐 50 克, 清水 320 毫升, 奶粉 85 克, 奶油 250 克, 蜂蜜 35 毫升, 改良剂 6 克, 蛋糕油适量

做法

❶ 将高筋面粉、酵母倒在一起，拌匀，倒入全蛋液、清水拌匀后转快速打 3 分钟，发酵 2 小时，保持温度 30℃、湿度 70%，即成种面。

❷ 将发酵好的种面、砂糖、清水、蜂蜜混合，快速打 2 分钟。

❸ 把高筋面粉、奶粉、改良剂倒入快速搅拌至表面光滑，倒入蛋糕油、奶油、盐拌匀，快速打至面筋扩展。

❹ 盖上保鲜膜，发酵 20 分钟，保持温度 32℃、湿度 70%。

❺ 将发酵好的面团分割为每个 60 克的小面团，滚圆，松弛 20 分钟，压扁排气，搓成长条状，两条交叉拧成麻花状，成形收口，放入烤盘，常温下发酵 80 分钟。

❻ 将发酵好的面团放进 165℃的油里，炸成金黄色，捞起粘上砂糖即成。

制作指导

注意在面包整形的时候，要把面团尾部收紧。

腰果全麦面包

材料

高筋面粉 750 克,全麦粉 250 克,酵母 13 克,改良剂 2.5 克,乙基麦芽酚 5 克,清水 625 毫升,盐 22 克,腰果仁适量

制作指导

注意进烤箱之前给面团喷水时要控制量,稍稍加湿即可,太湿的话会影响烘烤效果。

做法

❶ 将高筋面粉、全麦粉、酵母、改良剂和乙基麦芽酚拌匀。

❷ 慢速加入清水充分搅拌均匀,转快速拌 2 分钟。

❸ 加入盐慢速拌匀,转快速搅拌至面筋扩展。

❹ 发酵 30 分钟,保持温度 30℃、湿度 75%。

❺ 将发酵好的面团分割成每个 100 克的小面团。

❻ 滚圆后再松弛 20 分钟,压扁排气。

❼ 放上腰果仁,卷起成形。

❽ 用刀在表面划三刀,排好进入发酵箱醒发 75 分钟,保持温度 36℃、湿度 80%。

❾ 入烤箱前在表面喷少许水,温度为上火 250℃、下火 180℃,烤约 25 分钟即可。

毛毛虫面包

材料

面团：

高筋面粉 1750 克，全蛋液 165 克，奶油 175 克，酵母 20 克，奶香粉 8 克，改良剂 5 克，糖 90 克，盐 35 克，清水 875 毫升

泡芙糊：

奶油 75 克，清水 125 毫升，全蛋液 100 克，液态酥油 65 毫升，高筋面粉 75 克

奶露馅：

鲜奶油 50 克，奶粉 45 克，白奶油 100 克，奶油 50 克，糖粉 65 克

做法

① 将奶油、清水、液态酥油加热拌匀，煮开，倒入高筋面粉搅拌，倒入全蛋液拌成泡芙糊。

② 将奶油、白奶油搅拌，加入糖粉、奶粉、鲜奶油拌匀，即制成奶露馅。

③ 将高筋面粉、酵母、改良剂、奶香粉、糖、全蛋液和清水打至面团光滑，加入奶油、盐打至可拉出薄膜状。

④ 松弛 20 分钟，分割成每个 85 克的小面团，滚圆后松弛 25 分钟。

⑤ 压扁排气，卷成长条形，排入烤盘，入发酵箱中发酵 90 分钟，保持温度 30℃、湿度 70%。

⑥ 在发酵好的面团表面挤上泡芙糊，入烤箱烤 13 分钟，温度为上火 185℃、下火 165℃。烤好后取出，用刀从中间切开，挤入奶露馅。

南瓜乳酪面包

材料

种面：

高筋面粉 750 克，酵母 8 克，全蛋液 65 克，清水 365 毫升

主面：

砂糖 210 克，改良剂 5 克，盐 12 克，熟南瓜 275 克，高筋面粉 350 克，奶油 120 克，酵母 4 克，奶粉 20 克

其他配料：

乳酪片适量，香酥粒 30 克

做法

❶ 将高筋面粉、酵母倒在一起，慢速拌匀，加全蛋液、清水拌匀，快速搅拌 2 ~ 3 分钟，盖上保鲜膜，发酵 2 小时，保持温度

30℃、湿度 71%，即成种面。

❷ 将种面、砂糖、熟南瓜搅拌至砂糖溶化。

❸ 加入高筋面粉、奶粉、酵母、改良剂慢速搅拌，转快速搅拌 2 ~ 3 分钟，加入盐、奶油搅拌均匀，快速拌至呈薄膜状。

❹ 覆保鲜膜，发酵 20 分钟，温度 30℃、湿度 70%。

❺ 将面团分成每个 60 克的小面团，滚圆，松弛 20 分钟，压扁排气，放上乳酪片，卷成长条，再发酵 30 分钟，保持温度 38℃、湿度 70%。

❻ 发好后，在表面划几刀，扫上全蛋液（分量外），撒上香酥粒，入烤箱烘烤 15 分钟，温度为上火 185℃、下火 165℃。

玉米沙拉面包

材料
高筋面粉 1250 克，砂糖 235 克，淡奶、蜂蜜各 60 毫升，鲜奶油 25 克，酵母、盐各 15 克，奶香粉、改良剂各 5 克，全蛋液、奶油各 130 克，清水 630 毫升，玉米粒、沙拉酱各适量

制作指导
　　这款面包成品颜色以金黄色最佳，所以烤制的时候要注意温度的控制，烤的颜色不要太深。

做法

❶ 将高筋面粉、酵母、改良剂、奶香粉与砂糖倒在一起，拌匀。

❷ 加蜂蜜、全蛋液、淡奶与清水拌匀，搅拌 2 分钟。

❸ 加入奶油、鲜奶油和盐慢速拌匀。

❹ 盖上保鲜膜发酵 20 分钟，保持温度 33℃、湿度 75%。

❺ 将发酵好的面团分割成每个 70 克的小面团。

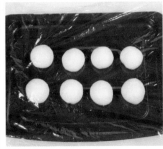

❻ 滚圆后，盖上保鲜膜松弛 20 分钟。

❼ 将松弛好的面团用擀面杖擀开排气。

❽ 放上玉米粒，卷成长条，排入烤盘，醒发 75 分钟，保持温度 37℃、湿度 80%。

❾ 将醒发好的面团用刀划三刀，挤上沙拉酱，入烤箱烤 15 分钟，温度为上火 185℃、下火 180℃。

蔓越莓辫子面包

材料

种面：

高筋面粉 1050 克，酵母 11 克，全蛋液 150 克，清水 550 毫升

主面：

砂糖 295 克，奶粉 70 克，盐 15 克，清水 250 毫升，奶香粉 7 克，奶油 175 克，高筋面粉 450 克，改良剂 6 克

其他配料：

蔓越莓干适量

做法

❶ 将高筋面粉、酵母倒在一起，拌匀，加全蛋液、清水慢速拌匀，发酵 2 ~ 3 小时即成种面。

❷ 将种面、砂糖、清水混合，快速打至糖溶化；加入高筋面粉、奶粉、奶香粉、改良剂慢速搅拌均匀，转快速搅拌 2 分钟左右。

❸ 加入盐、奶油快速搅打至面团可以拉出薄膜状，分成每个 25 克的小面团，滚圆，盖上保鲜膜，发酵 20 分钟，温度 35℃、湿度 75%。

❹ 压扁排气，中间放入蔓越莓，卷成长条；用 3 个长条面团编成辫子，排入烤盘，入发酵箱醒发 90 分钟，保持温度 37℃、湿度 70%。

❺ 扫上全蛋液（分量外），撒上蔓越莓干，入烤箱，温度为上火 185℃、下火 165℃，烤 13 分钟左右即可。

纳豆和风面包

材料

种面：

高筋面粉 650 克，酵母 10 克，清水 350 毫升

主面：

砂糖 200 克，高筋面粉 350 克，盐 10 克，全蛋液 80 克，奶粉 40 克，奶油 90 克，改良剂 5 克，清水适量，蛋糕油 6 克

奶油面糊：

糖粉、奶油、全蛋液各 40 克，低筋面粉 50 克

绿茶面糊：

糖粉、全蛋液各 40 克，绿茶粉 7 克，奶油 50 克，低筋面粉 45 克

其他配料：

纳豆适量

做法

❶ 将糖粉、奶油、全蛋液、低筋面粉倒在一起，拌匀即成奶油面糊；将糖粉、全蛋液、绿茶粉、奶油、低筋面粉拌匀成绿茶面糊，备用。

❷ 将种面的所有材料慢速拌匀，转快速搅拌后发酵 90 分钟，保持温度 31℃、湿度 80%。

❸ 将种面、砂糖、全蛋液和清水拌至糖溶化，加入高筋面粉、奶粉和改良剂拌至面筋扩展至七八成筋度。

❹ 加入奶油、盐、蛋糕油搅至可拉出薄膜状，发酵 20 分钟，分成每个 60 克的小面团，滚圆后松弛 20 分钟，压扁排气，包入纳豆。

❺ 排上烤盘，进发酵箱醒发 75 分钟，挤上奶油面糊和绿茶面糊，入烤箱烘烤 15 分钟左右，温度为上火 185℃、下火 160℃。

禾穗椰蓉面包

材料

种面：

高筋面粉 750 克，酵母 10 克，清水 400 毫升

主面：

砂糖 200 克，高筋面粉 250 克，盐 10 克，全蛋液 100 克，改良剂 3 克，奶油 100 克，清水 50 毫升，奶粉 45 克，蛋糕油 6.5 克

椰蓉馅：

砂糖 200 克，奶粉 75 克，奶油 225 克，椰蓉 300 克，全蛋液、奶香粉各适量

其他配料：

白芝麻适量

做法

❶ 将砂糖、奶油、奶粉、全蛋液、椰蓉和奶香粉拌匀成椰蓉馅；将种面所有材料拌匀，快速搅拌 2 分钟，发酵 90 分钟，温度 33℃、湿度 80%。

❷ 将发好的种面、全蛋液、砂糖和清水拌至砂糖溶化，加入高筋面粉、奶粉、改良剂慢速拌匀，转快速拌 3 分钟。

❸ 加入奶油、盐和蛋糕油搅拌至面筋完全扩展，再发酵 15 分钟，保持温度 30℃、湿度 75%。

❹ 分成每个 70 克的小面团，滚圆，松弛 15 分钟，擀开排气，放上椰蓉馅；卷成长条，排入烤盘。

❺ 用剪刀左右不对称剪成麻花状，进发酵箱醒发 80 分钟，温度 37℃、湿度 80%。

❻ 扫上全蛋液（分量外），撒上白芝麻，入烤箱烘烤 15 分钟，温度为上火 185℃、下火 160℃。

黄桃面包

材料

种面：

高筋面粉 1300 克，酵母 10 克，清水 750 毫升

主面：

砂糖 415 克，高筋面粉 700 克，盐 21 克，全蛋液 220 克，奶粉 75 克，奶油 220 克，清水 135 毫升，改良剂 8 克，蛋糕油 13 克

其他配料：

黄桃 55 克，黄金酱适量

做法

❶ 先将高筋面粉、酵母、清水慢速拌匀转快速搅拌 2 分钟；发酵 2 小时，保持温度 32℃、湿度 72%，即成种面。

❷ 将种面、砂糖、全蛋液和清水慢速拌匀；加入高筋面粉、奶粉、改良剂慢速拌匀，转快速拌 2 分钟。

❸ 加入奶油、蛋糕油、盐慢速拌匀，转快速打至面团光滑，松弛 20 分钟，松弛好即成主面。

❹ 分成每个 65 克的小面团，滚圆，松弛 20 分钟，松弛好后用擀面杖擀成长形，卷起放入纸杯。

❺ 放入模具，放进发酵箱发酵 90 分钟，温度 36℃、湿度 90%。

❻ 醒发至模具九分满，扫上全蛋液（分量外），放上黄桃，挤上黄金酱，入烤箱烤 15 分钟，温度上火 185℃、下火 165℃。

中法面包

材料

高筋面粉 900 克，酵母 12 克，盐 21 克，低筋面粉 100 克，改良剂 3 克，甜老面 250 克，清水 600 毫升，黄牛油适量

制作指导

注意一定要用手把面团压扁排气，划刀的时候，力道要控制好，不要过深，否则面包会裂开。

做法

❶ 将高筋面粉、低筋面粉、甜老面、酵母和清水混合拌匀。

❷ 加入盐、改良剂慢速拌匀，转快速拌至面团光滑。

❸ 覆保鲜膜发酵 30 分钟，温度 28℃、湿度 70%。

❹ 将面团分成每个 150 克的小面团，滚圆后松弛 20 分钟。

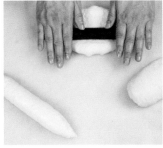

❺ 把松弛好的小面团用擀面杖压扁排气。

❻ 滚成长条形，排入烤盘，放入发酵箱中醒发 80 分钟。

❼ 发至原面团体积的 3 倍大，在每个面包表面划两刀即可。

❽ 挤上黄牛油，喷水，入烤箱烘烤 25 分钟左右，温度为上火 230℃、下火 180℃。

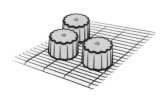

椰奶提子面包

材料

种面：

高筋面粉 525 克，酵母 10 克，全蛋液 75 克，蜂蜜 15 毫升，清水 275 毫升

主面：

砂糖 145 克，清水 85 毫升，高筋面粉 225 克，改良剂、盐各 4 克，奶粉 30 克，奶油 75 克

椰奶提子馅：

奶油 80 克，砂糖 100 克，鲜奶 15 毫升，奶粉 15 克，椰子粉 145 克，提子干 55 克

其他配料：

杏仁片适量

做法

① 将奶油、砂糖倒在一起，充分搅拌，分次加入鲜奶拌匀，加奶粉、椰子粉和提子干拌匀，即成椰奶提子馅。

② 将做种面的所有材料慢速拌匀，转快速搅拌 2 分钟，发酵 100 分钟，保持温度 30℃、湿度 80%，发酵好即成种面。

③ 把种面、砂糖和清水拌至糖溶化。

④ 加入高筋面粉、改良剂和奶粉搅拌至七八成筋度，加入盐和奶油拌至可拉出薄膜状，松弛 15 分钟即成主面。

⑤ 将面团分割成每个 75 克的小面团，滚圆后松弛 20 分钟，压扁排气，包入椰奶提子馅，擀成长形，斜划几刀，卷起成形。

⑥ 醒发 80 分钟，扫上全蛋液（分量外），撒上杏仁片，入烤箱烘烤 15 分钟，温度为上火 190℃、下火 165℃。

菠萝肉松面包

材料

种面：

高筋面粉 650 克，酵母 9 克，全蛋液 100 克，清水 320 毫升

主面：

砂糖 195 克，清水 150 毫升，改良剂 3 克，高筋面粉 350 克，奶粉 45 克，盐 11 克，奶油 110 克

其他配料：

沙拉酱、菠萝丁、肉松各适量

做法

❶ 将高筋面粉、酵母慢速拌匀，加全蛋液、清水拌至面团表面光滑即可。发酵 2 小时，保持温度 30℃、湿度 70%，即成种面。

❷ 将种面、砂糖、清水快速打成糊状；加入高筋面粉、改良剂、奶粉拌匀，加入盐、奶油拌至面团光滑，松弛 20 分钟。

❸ 将面团分割成每个 60 克的小面团，滚圆，松弛 20 分钟后压扁擀长，卷成长条形，排入烤盘，放入发酵箱，发酵 90 分钟。

❹ 扫上全蛋液（分量外），撒上菠萝丁，入烤箱烘烤 15 分钟，上火 180℃、下火 160℃；烤好取出，对半切开，中间放上肉松、抹上沙拉酱做装饰。

制作指导

面包要凉透后再挤上沙拉酱。

核桃提子丹麦面包

材料

高筋面粉 850 克，低筋面粉 150 克，砂糖 125 克，全蛋液 150 克，牛奶 100 毫升，清水 365 毫升，酵母 12 克，改良剂 2 克，盐 13 克，奶油 100 克，片状酥油、香酥粒各适量，提子干 50 克，核桃碎 50 克

做法

❶ 将高筋面粉、低筋面粉、砂糖、酵母、改良剂、全蛋液、牛奶、清水、盐、奶油搅拌 2 分钟，压扁成长形，放入冰箱中冷冻 40 分钟以上。

❷ 将冻好的面团取出，擀成长方形，放上片状酥油，将酥油包入面团里面，擀成长方形；将面团叠三层，用保鲜膜包好放入冰箱中冷藏 40 分钟以上，如此操作三次即可。

❸ 将面团擀开擀薄，擀至长 15 厘米、宽 6 厘米，用刀切开，扫上全蛋液，放上提子干和核桃碎；另取一块面团叠上，在折叠中间切一刀，一边翻过来卷成形。

❹ 排好放进发酵箱中醒发 60 分钟，保持温度 36℃、湿度 75%，扫上全蛋液（分量外），撒上香酥粒，入烤箱烘烤，温度为上火 195℃、下火 160℃。

制作指导

第二次从中间切开时不要切太长，刚好把面团翻过来即可，太长的话，整个造型看起来会非常松垮。喜欢其他口味的，也可以撒上别的干果做点缀。

椰奶提子丹麦面包

材料

面团:

砂糖 50 克, 鲜奶 100 毫升, 全蛋液 80 克, 清水 125 毫升, 高筋面粉 425 克, 低筋面粉 75 克, 酵母 7.5 克, 改良剂 1 克, 盐 9 克, 奶油 50 克

椰奶提子馅:

奶油 80 克, 砂糖 100 克, 鲜奶 100 毫升, 奶粉 50 克, 椰子粉 30 克, 提子干适量

其他配料:

杏仁片适量, 片状酥油 250 克

做法

❶ 将砂糖、奶油、鲜奶混合拌匀, 加入奶粉、椰子粉、提子干拌匀, 即成椰奶提子馅。

❷ 将高筋面粉、低筋面粉、砂糖、鲜奶、部分全蛋液、清水、酵母、改良剂、奶油、盐搅拌至面团光滑, 压扁, 放入冰箱中冷冻 30 分钟以上。

❸ 取出面团擀开、擀长, 放上片状酥油, 包好, 擀开、擀长, 叠三下, 用保鲜膜包好放进冰箱, 冷藏 30 分钟以上, 如此三次即可。

❹ 取出面团擀开、擀薄, 扫上全蛋液, 放上椰奶提子馅, 折起, 用刀切成梳齿形; 排好进发酵箱中醒发 60 分钟, 温度 35℃、湿度 75%, 扫上全蛋液(分量外), 撒上杏仁片, 入烤箱烘烤 16 分钟, 温度为上火 185℃、下火 160℃。

番茄热狗丹麦面包

材料

高筋面粉 850 克，低筋面粉 100 克，砂糖 100 克，酵母 13 克，改良剂 3.5 克，蛋黄 50 克，鲜奶 80 毫升，番茄泥 360 毫升，盐 16 克，奶油 65 克，片状玛琪琳适量，热狗肠 200 克，乳酪条、全蛋液各适量

制作指导

做造型卷热狗肠的时候，轻轻地包裹就好，切忌卷形太紧，以免醒发时表面断裂，烤制后面团变得更加膨松，影响整体的美观度。

做法

❶ 将高筋面粉、低筋面粉、砂糖、酵母和改良剂倒在一起，拌匀。

❷ 加入番茄泥、蛋黄和鲜奶拌匀，转快速搅拌 2 分钟。

❸ 加入盐和奶油慢速拌匀。

❹ 取 1000 克面团，用手压成方形。

❺ 用保鲜膜包好，入冰箱中冷冻 30 分钟。

❻ 取出面团，稍擀开、擀长，放上片状玛琪琳。

❼ 把奶油包入面团里，擀宽、擀长，备用。

❽ 叠三层，用保鲜膜包好，入冰箱中冷藏 30 分钟，反复三次即可。

❾ 用刀从面块对角分切成长方形面块，从中间再斜切成三角形，稍微拉长。

❿ 用面片卷住热狗肠，排入烤盘，进发酵箱中醒发 65 分钟，保持温度 35℃、湿度 75%。

⓫ 醒发至原面团体积的 2 倍大，扫上全蛋液，用刀在中间切开。

⓬ 放上乳酪条，入烤箱烘烤，温度为上火 190℃、下火 160℃。

培根乳酪吐司

材料

种面：

高筋面粉 1750 克，酵母 23 克，清水适量

主面：

砂糖 475 克，全蛋液 250 克，清水 125 毫升，高筋面粉 750 克，改良剂 8 克，奶粉 100 克，盐 26 克，奶油 250 克

其他配料：

培根、洋葱丝各 100 克，乳酪、沙拉酱各适量

做法

❶ 将高筋面粉、酵母、清水倒在一起，拌匀。

❷ 盖上保鲜膜，放置 2 小时，即成种面。

❸ 将种面、砂糖、全蛋液、清水打成糊状。

❹ 加入高筋面粉、改良剂、奶粉打至有筋度。

❺ 加入盐、奶油快速拌至面筋扩展，松弛 20 分钟。

❻ 将松弛好的面团分割成每个 100 克的小面团，滚圆之后松弛 20 分钟。

❼ 将松弛好的小面团用擀面杖压扁排气。

❽ 放上培根、乳酪卷成形，再放到长方形模具里。

❾ 放入发酵箱发酵，保持温度 35℃、湿度 80%，发至模具八成满。

❿ 扫上全蛋液（分量外），放上洋葱丝。

⓫ 挤上沙拉酱，入烤箱烘烤 25 分钟，温度为上火 190℃、下火 160℃。

黑椒热狗吐司

材料

种面：

高筋面粉 600 克，酵母 12 克，全蛋液 75 克，清水 300 毫升

主面：

砂糖 80 克，清水 180 毫升，高筋面粉 400 克，改良剂 5 克，奶粉 35 克，奶香粉 8 克，盐 20 克，奶油 100 克

其他配料：

肉松 75 克，黑椒热狗肠 200 克，乳酪、沙拉酱各适量，黑胡椒粉 20 克，干葱 15 克

做法

❶ 将高筋面粉、酵母倒在一起，慢速拌匀。

❷ 加全蛋液、清水快速打 2 分钟。

❸ 盖上保鲜膜，放置 2 小时，即成种面。

❹ 将种面、砂糖、清水搅拌 2 分钟，打成糊状。

❺ 加入高筋面粉、改良剂、奶粉、奶香粉快速打 2 分钟，再加入盐、奶油慢速拌匀。

❻ 打至面筋完全扩展，覆保鲜膜松弛 20 分钟，分成每个 150 克的小面团。

❼ 滚圆面团，松弛后压扁排气，包入肉松。

❽ 发酵 120 分钟，保持温度 35℃、湿度 75%，发酵好后划开表皮。

❾ 扫上全蛋液（分量外），放上黑椒热狗肠，放上乳酪，挤上沙拉酱，撒上黑胡椒粉。

❿ 撒上干葱，入烤箱烘烤约 25 分钟，温度为上火 190℃、下火 170℃。

149

果盆子面包

材料

种面：

高筋面粉 700 克，酵母、全蛋液、清水各适量

主面：

砂糖 95 克，高筋面粉 300 克，奶香粉 5 克，
盐 10 克，清水 125 毫升，奶粉 45 克，改良剂、
奶油各适量

其他配料：

苹果馅、瓜子仁、奶油各适量

制作指导

　　注意卷面团放入模具时，不要发得太满，
发至模具八分满即可，不然烤制时面团会不
断膨胀，最后爆出模具，整体造型就会失败。

做法

❶ 把高筋面粉、酵母倒在一起，拌均匀。

❷ 加入全蛋液、清水拌匀，转快速拌成团，打2分钟。

❸ 发酵2小时，保持温度30℃、湿度70%，即成种面。

❹ 把发酵好的种面和砂糖、清水混合慢速拌匀。

❺ 加入高筋面粉、奶粉、奶香粉、改良剂快速拌2分钟。

❻ 加入奶油、盐慢速拌匀，转快速搅拌至面筋扩展。

❼ 盖上保鲜膜，发酵20分钟，温度32℃、湿度75%。

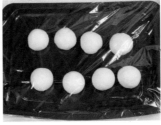

❽ 将面团分成每个20克的小面团，滚圆，松弛20分钟。

❾ 把松弛好的小面团压扁排气，包入苹果馅，滚圆放入中空的圆形模具。

❿ 排在烤盘上，放进发酵箱醒发65分钟，保持温度36℃、湿度75%。

⓫ 在醒发好的小面团上挤上奶油，备用。

⓬ 撒上瓜子仁，入烤箱烘烤16分钟，温度为上火195℃、下火185℃。

巧克力菠萝面包

材料

主面：

高筋面粉 750 克，改良剂、奶香粉各 2 克，全蛋液、奶油各 80 克，砂糖 145 克，奶粉 30 克，蜂蜜 25 毫升，盐、酵母各 8 克，清水 385 毫升

菠萝皮：

砂糖 105 克，发粉、小苏打、臭粉各 1.5 克，色拉油 25 毫升，全蛋液、麦芽糖各 25 克，猪油 40 克，清水 15 毫升，奶粉 5 克，低筋面粉 150 克

巧克力馅：

砂糖 65 克，全蛋液 30 克，奶油 10 克，牛奶 250 毫升，玉米淀粉 40 克，白巧克力 150 克

做法

1 将菠萝皮的所有材料倒在一起，拌匀备用。

2 将砂糖、牛奶、全蛋液、玉米淀粉加入奶油拌匀煮成糊状，加白巧克力拌匀，即成巧克力馅。

3 将高筋面粉、酵母、改良剂、奶粉和奶香粉拌匀，再加入全蛋液、砂糖、清水、蜂蜜拌匀。

4 加入奶油、盐拌至面筋完全扩展即可。

5 盖上保鲜膜，松弛约 25 分钟后，把面团分成每个 60 克的小面团。

6 滚圆面团再松弛 20 分钟，再滚圆至光滑。

7 发酵 85 分钟，保持温度 35℃、湿度 75%。

8 把菠萝皮切成小段，压成薄片，放在面团上，扫两次全蛋液（分量外）。

9 用竹签在表面划出格子纹路，放进烤箱烘烤 15 分钟，温度为上火 185℃、下火 160℃。

10 取出面包后晾凉，用锯刀在侧面切开，挤上巧克力馅即成。

栗子蓉麻花面包

材料

种面：

高筋面粉 1750 克，酵母 20 克，水 900 毫升

主面：

砂糖 500 克，高筋面粉 750 克，鲜奶油 75 克，全蛋液 250 克，改良剂 7 克，盐 25 克，清水 200 毫升，奶香粉 10 克，奶油 250 克

奶油面糊：

糖粉、全蛋液、奶油、低筋面粉各 45 克

其他配料：

瓜子仁、栗子蓉各适量

做法

❶ 将糖粉、全蛋液、奶油、低筋面粉倒在一起，拌成奶油面糊。

❷ 将高筋面粉、酵母、水打至有筋度。

❸ 放置 2.5 小时，混合即成种面。

❹ 将种面、砂糖、全蛋液、清水混合，打至砂糖溶化。

❺ 加入高筋面粉、改良剂、奶香粉，拌匀。

❻ 加入鲜奶油、盐、奶油打至面筋扩展。

❼ 盖上保鲜膜，松弛 20 分钟后，分成每个 70 克的小面团，滚圆。

❽ 入发酵箱发酵 20 分钟后，压扁排气，包上栗子蓉，滚成圆形，用擀面杖擀长。

❾ 将擀长的面皮卷成长卷，然后对折起来拧成麻花，发酵 88 分钟。

❿ 扫上全蛋液（分量外），挤上奶油面糊，撒上瓜子仁，入烤箱烘烤 15 分钟左右，温度为上火 185℃，下火 160℃。

三明治吐司

材料

高筋面粉 1000 克，低筋面粉 250 克，酵母 15 克，改良剂 3 克，砂糖 100 克，全蛋液 100 克，鲜奶 150 毫升，清水 400 毫升，奶粉 25 克，盐 23 克，白奶油 150 克

制作指导

取出面包后，稍微放凉一下再出模。这样可使面包的造型更加完整，晾凉后的面包切片也更加容易，可以很好地保持切片的完整性。

做法

❶ 将高筋面粉、低筋面粉、酵母、改良剂、砂糖倒在一起，拌匀。

❷ 加入全蛋液、鲜奶、奶粉、清水快速搅拌 2 分钟。

❸ 加入白奶油、盐慢速拌匀，转快速拌至面筋扩展。

❹ 把面团盖上保鲜膜，松弛 20 分钟，保持温度 32℃、湿度 72%。

❺ 把松弛好的面团分割成每个 250 克的小面团。

❻ 把小面团滚圆，然后再松弛 20 分钟。

❼ 把松弛好的面团用擀面杖擀扁、擀长。

❽ 卷成长方形，放入长方形铁皮模具中。

❾ 醒发 100 分钟，保持温度 35℃、湿度 75%。

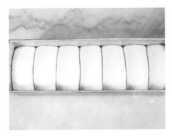

❿ 盖上铁盖。

⓫ 入烤箱烘烤约 45 分钟，温度为上火 180℃、下火 180℃。

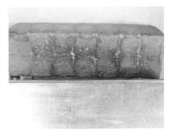

⓬ 烤好后放凉即可出模、切片。

菠萝椰子面包

材料

面团:

高筋面粉 1750 克，奶粉 65 克，全蛋液、奶油、砂糖各 180 克，盐、酵母各 17 克，改良剂、奶香粉各 7 克，蜂蜜 35 毫升，清水 825 毫升

椰蓉馅:

砂糖 50 克，全蛋液 50 克，低筋面粉 100 克，奶油、奶粉各 100 克，椰蓉 30 克

菠萝皮:

砂糖、食粉各 30 克，全蛋液 50 克，色拉油 50 毫升，黄色素、泡打粉各 3 克，麦芽糖、奶粉各 20 克，臭粉 3 克，低筋面粉 100 克

其他配料:

车厘子适量，全蛋液适量

做法

❶ 将高筋面粉、酵母、改良剂、奶粉、奶香粉和砂糖慢速拌匀；加入全蛋液、清水、蜂蜜搅拌 2 分钟；加入奶油、盐至面团可拉出薄膜。

❷ 盖上保鲜膜，发酵 20 分钟，保持温度 32℃、湿度 72%，然后分成每个 50 克的小面团，再发酵 20 分钟。

❸ 将奶油、砂糖、全蛋液、低筋面粉、奶粉、椰蓉拌匀成椰蓉馅；面团压扁排气，包椰蓉馅，做成三角形。

❹ 发酵 90 分钟，保持温度 36℃、湿度 80%；菠萝皮材料拌匀，分成小段，压成薄片，置面团上，扫两次全蛋液；用竹签划出格子纹。

❺ 放上车厘子，进烤箱烘烤 13 分钟左右，温度为上火 185℃、下火 165℃。

草莓面包

材料

高筋面粉 750 克,奶香粉 3 克,鲜奶 380 毫升,酵母 8 克,砂糖 155 克,盐 7 克,改良剂 3 克,全蛋液 75 克,奶油 70 克,草莓、草莓馅各适量

做法

❶ 将高筋面粉、酵母、改良剂和奶香粉拌匀。

❷ 加入砂糖、全蛋液和鲜奶快速拌匀。

❸ 加入部分奶油、盐拌至面筋扩展。

❹ 盖上保鲜膜,松弛 20 分钟后分成每个 50 克的小面团,再滚圆,松弛 20 分钟。

❺ 压扁排气,包入草莓馅,放入纸模中,醒发 80 分钟,保持温度 36℃、湿度 70%。

❻ 醒发好后在面团上面划两刀。

❼ 刷上全蛋液。

❽ 放入烤箱烘烤 13 分钟,温度为上火 185℃、下火 165℃。

❾ 烤好后取出,待面包晾凉以后挤上剩余的奶油,放上半个草莓即可。

制作指导

　　在面团顶部划刀的时候,可以把刀口稍划深一点,方便后来在顶部挤奶油。也可以根据个人口味把草莓换成其他的水果。

东叔串

材料

种面：

高筋面粉 875 克，酵母 12 克，全蛋液 150 克，清水 435 毫升

主面：

砂糖 95 克，高筋面粉 375 克，盐 25 克，清水 155 毫升，奶粉 40 克，奶油 120 克，蜂蜜 25 毫升，改良剂 3 克

制作指导

出油锅后最好趁热滚上砂糖，薄薄的一层即可。如果砂糖粘不上，可以先刷少许蜂蜜，再撒上一层砂糖，味道更佳。

做法

❶ 将高筋面粉、酵母倒在一起，慢速搅拌均匀。

❷ 加入全蛋液、清水慢速拌匀，转快速打 2 ~ 3 分钟。

❸ 盖上保鲜膜发酵 2.5 小时，保持温度 30℃、湿度 70%。

❹ 发酵成比原体积大 3 ~ 3.5 倍的面团，即成种面。

❺ 将种面倒入搅拌缸里，加入部分砂糖、蜂蜜、清水搅打。

❻ 倒入高筋面粉、改良剂、奶粉快速打 2 ~ 3 分钟。

❼ 加入盐、奶油慢速拌匀，转快速打至面筋扩展。

❽ 盖上保鲜膜，发酵 25 分钟，保持温度 32℃、湿度 72%。

❾ 把发酵好的面团分割成每个 20 克的小面团。

❿ 把小面团滚圆，放上烤盘，盖上保鲜膜，松弛 15 分钟。

⓫ 滚圆搓紧，用竹签穿起来放入烤盘中，常温下发酵 70 分钟。

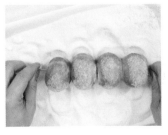

⓬ 把发酵好的面团放入油锅里，炸成金黄色取出，粘上砂糖。

起酥肉松面包

材料

主面：

高筋面粉 1750 克，奶粉 75 克，全蛋液、奶油各 150 克，盐、酵母各 18 克，奶香粉、改良剂各 6 克，蜂蜜 50 毫升，砂糖 330 克，清水 850 毫升

起酥皮：

高筋面粉、低筋面粉各 500 克，盐 15 克，奶油、全蛋液各 50 克，清水 425 毫升，味精 3 克

其他配料：

肉松 100 克，沙拉酱适量

做法

❶ 将高筋面粉、酵母、改良剂、奶粉和奶香粉倒在一起，慢速拌匀；加入全蛋液、清水、砂糖、蜂蜜快速拌匀；加盐、奶油打至可拉出均匀的薄膜即可。

❷ 松弛 20 分钟，分成每个 60 克的小面团；滚圆后发酵 20 分钟，保持温度 31℃、湿度 70%。

❸ 压扁排气，卷成橄榄形。

❹ 放进发酵箱中醒发 85 分钟，保持温度 37℃、湿度 75%，扫上全蛋液（分量外）。

❺ 把起酥皮材料拌匀，用刀把起酥皮切成薄片；在面团上放三片起酥皮，入烤箱烘烤。

❻ 烘烤约 15 分钟，温度为上火 185℃、下火 165℃，烤好后从中间切开，挤上沙拉酱，放上肉松，再挤上沙拉酱即成。